JN303384

化学新シリーズ

編集委員会:右田俊彦・一國雅巳・井上祥平
岩澤康裕・大橋裕二・杉森　彰・渡辺　啓

生物有機化学
― 新たなバイオを切り拓く ―

東京大学名誉教授
工学博士
小宮山　真　著

東京 **裳華房** 発行

BIOORGANIC CHEMISTRY
—— TOWARDS THE FUTURE BIOTECHNOLOGY ——

by

MAKOTO KOMIYAMA, DR. ENG.

SHOKABO

TOKYO

「化学新シリーズ」刊行趣旨

　科学および科学技術の急速な進歩に伴い，あらゆる分野での活動に，物質に対する認識の重要性がますます高まってきています．特にこれまで，化学との関わりあいが比較的希薄とされてきた電気・電子工学といった分野においても，その重要性は高まりをみせ，また日常生活においても，さまざまな新素材の登場が，生涯教育としての化学の必要性を無視できないものにしています．

　一方，教育界では高校におけるカリキュラムの改訂と，大学における「教養課程」の見直しが行われつつあり，学生と学習内容の多様化が進んでいます．

　これらの情勢を踏まえ，本シリーズは，非化学系をも含む理科系（理・工・農・薬）の大学・高専の学生を対象とした2単位相当の基礎的な教科書・参考書，ならびに化学系の学生，あるいは科学技術の分野で活躍されている若い技術者を対象とした専門基礎教育・応用のための教科書・参考書として編纂されたものです．

　広大な化学の分野において重要と考えられる主題を選び，読者の立場に立ってできるだけ平易に，懇切に，しかも厳密さを失わないように解説しました．特に次の点に配慮したことが本シリーズの特徴です．

1) 記述内容はできるだけ精選し，網羅的ではなく，本質的で重要なものに限定し，それを十分理解させるように努めた．
2) 基礎的概念を十分理解させるために，概念の応用，知識の整理に役立つように演習問題を章末に設け，巻末にその略解をつけた．
3) 読者が学習しようとする分野によって自由に選択できるように，各巻ごとに独立して理解し得るように編纂した．
4) 多様な読者の要求に応えられるよう，同じ主題を取り上げても扱い方・程度の異なるものを複数提供できるようにした．また将来への発展の基

礎として最前線の話題をも積極的に扱い，基礎から応用まで，必要と興味に応じて選択できるようにした．

1995年11月

編 集 委 員 会

はじめに

　バイオテクノロジーがまさに全盛である今日，学生諸君の中には，「化学が大好きだけど，バイオも勉強してみたい．でも，一体全体どうやって勉強したらよいのだろう？」と思っている人が多いのではないだろうか？　言うまでもなく，これからの時代には，化学を主専攻とする人でも，バイオに関する最低限の知識は必要であろう．本書は，そのような諸君に，化学的な視点からバイオを理解してもらうと同時に，「化学とバイオが合体したら，どんなすばらしいことができるのか？」を実感してもらうことを主眼として書いたものである．

　ここ数年，バイオテクノロジーがまさに驚異的な進歩を遂げ，これと相呼応して，バイオへの化学的アプローチに熱い目が注がれている．天然には存在しない新しい分子を化学の手で作り出して世に送り出せば，そこには必ずや新しいサイエンスが生まれるに違いない．まさに，化学の力による未知の世界への挑戦である．こうした一連の試みこそが"**生物有機化学**"であり，「生命現象を分子の言葉で理解し，これを化学の手で真似し，さらにはこれを超えようとする学問」である．現在では，単なる"物まね"のレベルをはるかに超え，新たなバイオのツールを生み出すまでに発展している．

　本書は，主として学部2, 3年生の生命化学（大学によって，生物有機化学，生化学など色々な名称があろうが…）の講義の教科書を志向して書いたものである．とにかく，全体を通じて"わかりやすく，また読みやすく"を心がけたつもりである．したがって，生物学は知らなくても，化学の基礎さえできていれば内容は十分に理解できるはずであり，それを通じて，バイオテクノロジーの基礎が身につくはずである．本書により，化学の面白さ，生命化学の面白さ

を十分に理解し，これをさらに発展させて，「化学が作る明日のバイオテクノロジー」を実現してくれる若人が育ってくれることを願ってやまない．

2004年1月

小　宮　山　　　真

目　次

第1章　生物有機化学とは

1.1　生物有機化学の誕生 …………1
1.2　生物の何を真似るのか？………3
1.3　生物有機化学の目標………3

第2章　タンパク質の構造と機能

2.1　アミノ酸………7
2.2　タンパク質の階層構造………8
2.3　一次構造の分析法 ………12
2.4　タンパク質の変性と再生 ………14
2.5　アミノ酸側鎖のイオン化状態の pH依存性 ………15
演習問題………17

第3章　核　　酸

3.1　遺伝情報の流れ：セントラル・ドグマ………18
3.2　核酸の構造 ………19
　　3.2.1　DNA………21
　　3.2.2　RNA………22
3.3　トリプレット・コドン ………22
3.4　核酸の溝の重要性 ………24
3.5　核酸の化学合成 ………25
3.6　核酸の合成アナログ：PNA………27
演習問題………30

第4章　バイオテクノロジー

4.1　遺伝子操作の概要 ………31
4.2　制限酵素 ………33
4.3　組換えDNAの細胞への導入 …34
　　4.3.1　コンピテント細胞 ………34
　　4.3.2　リン酸カルシウム法 ………34
　　4.3.3　遺伝子導入用試薬 ………35
　　4.3.4　パーティクル・ガン ………35
　　4.3.5　レトロウイルスの利用 ……36
4.4　タンパク質の生産 ………36
4.5　生物有機化学の役割 ………37
演習問題………39

第5章 生体反応のエネルギー源：ATP

5.1 ATPはなぜ高エネルギー物質として働くのか？ ……41
5.2 生体反応ではATPはどのように用いられるのか？ ……42
5.3 ペプチドの生合成 ……42
5.4 DNAとRNAの生合成 ……44
5.5 自由エネルギー変化と化学平衡 ……46
演習問題 ……49

第6章 触媒作用の基礎

6.1 反応速度と自由エネルギー変化 ……50
6.2 化学反応の速度を決める因子 ……51
6.3 触媒作用の本質 ……53
6.4 一般塩基触媒作用と一般酸触媒作用—酵素が利用する触媒作用— ……55
6.4.1 一般塩基触媒作用 ……55
6.4.2 一般酸触媒作用 ……56
6.5 一般酸塩基触媒作用の効率を支配するのは何か？ ……57
演習問題 ……59

第7章 酵素の構造と機能

7.1 酵素の種類 ……61
7.2 酵素の構造 ……62
7.3 ミカエリス・メンテン型反応—酵素反応の速度論的な特徴— ……62
7.4 酵素パラメーターの実験的な決定法 ……65
7.5 酵素反応は，なぜミカエリス・メンテン型である必要があるのか？ ……66
7.6 酵素の機能発現に必須な構成要素は？ ……68
演習問題 ……70

第8章 代表的な酵素（α-キモトリプシン）の作用機構

8.1 全体構造 ……71
8.2 特異性 ……72
8.3 基質結合部位と触媒官能基群 ……74
8.4 触媒機構 ……76
8.5 アシル化と脱アシル化 ……78
8.6 種々のセリンプロテアーゼと基質特異性 ……79
演習問題 ……82

第9章　補酵素

9.1　補因子の役割―補酵素と
　　　金属イオン― ················83
9.2　ピリドキサルリン酸 ···········85
　9.2.1　アミノ基転移反応 ·········86
　9.2.2　ラセミ化反応 ··············88
　9.2.3　脱炭酸 ····················89
9.3　ニコチンアミドアデニンジヌクレ
　　　オチド（NADH） ················89
9.4　補酵素のモデル反応 ···········91
　9.4.1　ピリドキサルリン酸のモデル
　　　　　反応 ····················91
　9.4.2　ニコチンアミドアデニンジ
　　　　　ヌクレオチドのモデル反応
　　　　　·························91
演習問題 ···························92

第10章　分子内反応と分子内触媒作用

10.1　分子内反応と分子間反応 ········93
10.2　有効触媒濃度 ·················95
10.3　分子内反応はなぜ効率が高い
　　　のか？ ······················95
　10.3.1　反応活性化パラメーター ···95
　10.3.2　物理化学的解釈 ···········97
10.4　分子配向の重要性 ·············97
　10.4.1　分子内酸無水物の形成 ·····98
　10.4.2　分子内エステル（ラクトン）
　　　　　の形成 ···················99
演習問題 ··························100

第11章　複数の官能基の協同触媒作用

11.1　電荷伝達系のモデル ···········101
　11.1.1　イミダゾールによる分子内
　　　　　一般塩基触媒作用 ········101
　11.1.2　カルボキシラートの効果は？
　　　　　·························102
11.2　RNAの加水分解 ··············103
　11.2.1　反応スキーム ············103
　11.2.2　RNAを加水分解する酵素：
　　　　　リボヌクレアーゼ ······105
　11.2.3　協同触媒作用を利用した人工
　　　　　系によるRNA加水分解
　　　　　·························106
11.3　協同触媒効果はどのようにして
　　　確認するのか？ ··············108
11.4　さらに優れた触媒系を目指して
　　　·····························110
演習問題 ··························110

第12章　人工ホスト

- 12.1　特異的反応と分子認識 …… 111
- 12.2　環状ホスト …… 112
  - 12.2.1　シクロデキストリン …… 112
  - 12.2.2　クラウンエーテル …… 113
  - 12.2.3　カリックスアレン …… 115
- 12.3　環状ホストの化学修飾によるゲスト認識能の向上 …… 116
- 12.4　分子溝ホスト …… 117
- 12.5　分子インプリント法 …… 118
  - 12.5.1　基本原理 …… 118
  - 12.5.2　ホスト分子の規則的会合体の合成 …… 120
- 演習問題 …… 122

第13章　人工酵素

- 13.1　人工酵素の分子設計 …… 123
- 13.2　シクロデキストリンによるエステル加水分解 …… 124
  - 13.2.1　セリンプロテアーゼの反応スキームとの類似 …… 124
  - 13.2.2　基質特異性 …… 126
- 13.3　アニリドの加水分解 …… 127
- 13.4　シクロデキストリンの化学修飾によるさらに優れた人工酵素の構築 …… 129
  - 13.4.1　セリンプロテアーゼのモデル …… 129
  - 13.4.2　リボヌクレアーゼのモデル …… 130
- 13.5　補酵素を人工ホストに結合する …… 131
- 13.6　なぜ人工酵素が必要なのか？ …… 133
- 13.7　人工制限酵素 …… 134
  - 13.7.1　必要性 …… 134
  - 13.7.2　設計と構築 …… 135
- 演習問題 …… 136

- おわりに …… 137
- 演習問題略解 …… 139
- 索　引 …… 143

囲み記事：セレンを含むアミノ酸！〔16〕／ゲル電気泳動〔28〕／PCR法〔38〕／ATPはどのように作られるか？〔47〕／アセチルコリンエステラーゼとサリン〔81〕／シクロデキストリンを食べる〔122〕

第1章 生物有機化学とは

1.1 生物有機化学の誕生

　生物の体の中では，さまざまな化学反応が，驚異的に高い選択性で迅速に，しかも互いに制御されながら進んでいる．しかし，こうした事実が明らかになったのはごくごく最近のことで，長い間，生命活動の不思議さと素晴らしさは人類にとって神秘であり，また憧れと畏敬の的であった．一方で人類は，遠い昔から，知らず知らずのうちに生化学反応をさまざまな形で利用してきた．例えば，チーズ，ワイン，酒，味噌…，どれも微生物や細菌が行う生命活動のおかげである．皮袋に入れておいた羊のミルクがチーズに変わってしまったのを見た遊牧民の驚き，また，たるに詰めておいたブドウが芳しいワインに変わったときの人々の喜びは，如何ばかりであったろう．当時の人々にとって，これはまさに魔法であったはずであり，どのようなことが起きたのかは皆目わからないままに，ただただ神に感謝していたことだろう．こうした伝統的なバイオテクノロジーは，何千年もの間，世代から世代へと次々に伝えられながら営々と続けられてきた．

　こうした流れも，近世になって大きく変化した．まず物質の最小単位としての原子，分子という概念が確立されると同時に，化学反応の本質に対する理解が急激に深まった．また，熱力学の発展により，化学反応が目的方向に進むか否かを自由エネルギーを用いて予測することが可能となった．また，化学平衡という概念も定着した．さらに，分析技術や分離技術が進歩したことにより，生体反応を円滑に進ませているのが酵素（というタンパク質）であることも確認された．こうして，"生命"に対する人類の見方も大きく変わり，「複雑で精緻な生命活動も，基本的には化学反応の延長に過ぎない」ことが広く理解されるようになった．こうした考えをさらに確固たるものにしたのが，Wöhler に

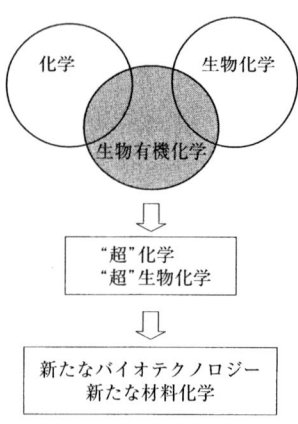

図 1.1 生物有機化学とは？

よる尿素の化学合成の成功(1828年)であり,この成果により無機物質と生体分子との間の壁が完全に取り除かれた.一方で,Pasteurらにより近代的な細菌学が展開され,微生物が人類にとってさらに身近な存在となった.こうして,"生命"は神秘のベールをはがれ,畏敬と憧憬の的から科学の対象へと大きな変革を遂げた.

さて,ここまで"生命"の正体がわかってくると,「生命反応と同じように高活性で高選択性な反応系を自らの手で作りたい」,あるいは,「生物と類似した超高機能システムを生み出したい」と人々が考えるようになったのは,ごくごく自然の流れであった.幸いなことに,この時点までには合成化学がすでに著しい進歩を遂げ,その結果,望みどおりの構造と機能を持つ分子がかなり自在に合成できるようになってきていた.さらに,分析技術の革新も目覚しく,従来とは比較にならないほど詳細な分子情報が得られるようになっていた.<u>こうして,生命現象を分子の言葉で理解し,これを化学の手で真似し,さらにはこれを超えようとする学問</u>,**"生物有機化学"** が誕生した(図1.1).20世紀半ばのことである.

1.2 生物の何を真似るのか？

しかし，生物を真似るといっても，生物自体はとてつもなく巨大でまた複雑すぎて，容易に真似することができない．そこで，生物有機化学の勃興期(1950-60年)には，「生体反応に似ていて，しかも温和な条件で容易に進行する反応を選び，これに対して有効な触媒を探索する」ことから研究はスタートした．例えば，酵素を使わずにタンパク質や核酸を切断することはできなかったので，その代わりに，反応性の高い酢酸の p-ニトロフェニルエステルの加水分解が主要な研究対象とされた．あるいは，基質と酵素の複合体の中で起こる触媒作用を模倣するために，反応点と触媒とを同一分子の中に共有結合でつないで触媒効率を向上する試みが数多く研究された．また，酵素の基質結合ポケットを真似るために，環状構造をしていて特定分子を選択的に結合する分子（環状ホスト分子）が開発された．とにかく，生体反応に似たものであれば何でもよいから研究対象として検討し，その中から優れたものを見つけ出そうというスタンスであった．これらの研究を通じて，(1) 酵素反応はどのような触媒作用で進行するのか？　(2) なぜ酵素反応は非常に速くまた選択性が高いのか？　(3) 酵素と同じように高い活性を持つ触媒を設計するにはどうしたらよいか？　(4) 生体分子と同じように正確に相手分子を見分けるにはどうしたらよいか？　などの，生物有機化学の基礎が次々と確立された．本書で学生諸君にまず理解してもらいたいのは，これら4つのポイントである．

1.3 生物有機化学の目標

生物有機化学の目標は，大きく二つに分けられる．その一つは，生体反応の機構を分子レベルで正確に理解することである．上でも述べたとおり，生体に対する分子レベルの理解は急激に深まってきている．しかし，生体自体は複雑で大きすぎて，これを直接に分析するのは最新鋭の分析機器をもってしても容易ではない．例えば，酵素や核酸のような"分子"でさえもそのサイズは巨大であり，精密解析は困難である．これらの集合体であればなおさらである．そこで，化学的手法を活用することによりその一部分（あるいはそれと似たも

の）を作り，これを分子レベルまで掘り下げて詳細に検討する．別の部分に関しても同様な検討を行う．このような努力の積み重ねにより，生命活動全体を理解しようとするわけである．実際に，こうした生物有機化学的な手法により，多くの酵素の作用機構が分子レベルで明らかにされた．また，生体分子の自律的な会合現象も相当なレベルまで解明された．こうして，"生命"に対する私たちの理解は飛躍的に深まってきている．

　生物有機化学のもう一つの目標は，生体からその卓越した基本原理を学ぶことにより，従来材料をはるかに超える高機能材料を作り出すことである．すでに多くの人工酵素が開発され，酵素に匹敵する，あるいはこれをしのぐ高機能が実現されている．これらの高活性触媒を工業生産に活用すれば，生産効率と経済性とを劇的に高めることができる．また，環境汚染物質を選択的に結合する機能分子は環境保全に役立つ．さらに，これらを私たちの体内で働かせれば，難病の克服に役立つだろう．一方，生物有機化学における高機能材料開発のもう一つのターゲットは，バイオテクノロジーへの応用である．ここでは，核酸を改変（遺伝子操作）し，この核酸を生体に戻して人の意に添って働かせている（第4章で詳細に述べる）．現在は，ここで使用する材料のほとんど全ては天然材料である．もし，私たちが自らの手で新しい道具を作ることができれば，これまでとは全く異なるバイオテクノロジーを展開することができるに違いない（図1.1）．

第2章 タンパク質の構造と機能

　生体は数え切れないほど多くの分子から構成されているが，中でも量的に多くまた機能的にも重要であるのは，タンパク質，核酸，糖質，脂質の4つである．表2.1に記すように，いずれも極めて重要な生体機能を担っているが，本書では，生体機能に特に直接に関わっているタンパク質と核酸を主たる対象とする．

　本章のメインテーマであるタンパク質は，アミノ酸のアミノ基とカルボキシ基が次々に縮合して生成するポリペプチドであり，細胞膜にあるレセプター，ホルモン（の一部），酵素，あるいは抗体などの主要成分である．つまり，タンパク質は，「生体の外部からの情報を受け取り，それを必要な場所に伝達し，必要な化学反応を行い，さらに，必要な防御機能を果たす」という生体機能のほぼ全てを直接に担当する．次章で学ぶように，「どのようなタンパク質を作るか」を決めるのは核酸であるが，最終的に生体機能を担うのはタンパク質である．

表2.1　主要な生体分子の構造と機能

生体分子	構造	主要な機能
タンパク質	アミノ酸の縮合体	触媒（酵素），情報伝達（ホルモン，レセプター），自己防衛（抗体），構造保持（コラーゲン）
核酸	ヌクレオシドとリン酸の交互共重合体	遺伝情報の保存
糖質	単糖類の縮合体	エネルギー保存（グリコーゲン），構造保持（セルロース）
脂質	グリセリンの長鎖エステル	エネルギー保存，細胞膜成分

表2.2 タンパク質を構成する α-アミノ酸

解離性アミノ酸			親水性アミノ酸			疎水性アミノ酸		
アミノ酸	略号	構造式	アミノ酸	略号	構造式	アミノ酸	略号	構造式
ヒスチジン	His / H	イミダゾール-CH$_2$-CH(NH$_2$)-COOH	セリン	Ser / S	HO-CH$_2$-CH(NH$_2$)-COOH	グリシン	Gly / G	H-CH(NH$_2$)-COOH
						アラニン	Ala / A	CH$_3$-CH(NH$_2$)-COOH
リシン	Lys / K	NH$_2$-(CH$_2$)$_4$-CH(NH$_2$)-COOH	トレオニン	Thr / T	CH$_3$-CH(OH)-CH(NH$_2$)-COOH	バリン	Val / V	(CH$_3$)$_2$CH-CH(NH$_2$)-COOH
アルギニン	Arg / R	H$_2$N-C(=NH)-NH-(CH$_2$)$_3$-CH(NH$_2$)-COOH	システイン	Cys / C	HS-CH$_2$-CH(NH$_2$)-COOH	ロイシン	Leu / L	(CH$_3$)$_2$CH-CH$_2$-CH(NH$_2$)-COOH
アスパラギン酸	Asp / D	HOOC-CH$_2$-CH(NH$_2$)-COOH	アスパラギン	Asn / N	H$_2$N-C(=O)-CH$_2$-CH(NH$_2$)-COOH	イソロイシン	Ile / I	CH$_3$-CH$_2$-CH(CH$_3$)-CH(NH$_2$)-COOH
グルタミン酸	Glu / E	HOOC-(CH$_2$)$_2$-CH(NH$_2$)-COOH	グルタミン	Gln / Q	H$_2$N-C(=O)-(CH$_2$)$_2$-CH(NH$_2$)-COOH	メチオニン	Met / M	CH$_3$-S-(CH$_2$)$_2$-CH(NH$_2$)-COOH
						プロリン	Pro / P	環状(CH$_2$)$_3$-NH-CH-COOH
			チロシン	Tyr / Y	HO-C$_6$H$_4$-CH$_2$-CH(NH$_2$)-COOH	フェニルアラニン	Phe / F	C$_6$H$_5$-CH$_2$-CH(NH$_2$)-COOH
						トリプトファン	Trp / W	インドール-CH$_2$-CH(NH$_2$)-COOH

2.1 アミノ酸

特殊な生物を除けば，生体を構成するアミノ酸は，表 2.2 に記した 20 種類にほぼ限られる（その他のものも存在するが，はるかに量が少ない）．これらの 20 種類に共通する特徴は，アミノ基，カルボキシ基，ならびに水素原子の 3 者がいずれも，中心炭素（α 炭素）に直接に結合していることである．つまり，4 番目の官能基が何であるかによってアミノ酸の種類が決まる．分子全体をカルボン酸の誘導体と見たときに，カルボキシ基の隣の α 炭素がアミノ化されているので "α-アミノ酸" と呼ばれる．中心炭素の不斉に基づいて D 体と L 体ができるが，天然に存在するのは，いずれも L 体である（ただし，グリシンのみは光学活性を持たない）．

これら 20 種類のアミノ酸を，酵素反応が行われる中性溶液中での側鎖のイオン化状態に基づいて分類して覚えると便利である（表 2.3）．例えば，pH 7 では，アスパラギン酸（Asp）やグルタミン酸（Glu）の側鎖のカルボキシ基は

表 2.3　α-アミノ酸の側鎖構造による分類

側鎖の状況	共役酸のおよその pK_a	中性溶液中での主要化学種
(1) 中性で負に帯電		
Asp, Glu	4.5	$-COO^-$
(2) 中性で正に帯電		
Lys	9	$-NH_3^+$
Arg	12	$-NH-C(NH_2)_2^+$
His（イミダゾール）	7	$-ImH^+ \rightleftarrows Im$
(3) 帯電なし，極性		
Ser, Thr	$\geqslant 14$	$-OH$
Tyr	10	$-C_6H_4-OH$
Cys	8.5	$-SH$
Asn, Gln	—	$-CONH_2$
(4) 無極性		
Gly, Ala, Val, Leu, Ile	—	アルキル
Phe, Trp	—	芳香環
Met	—	チオエーテル
Pro	—	環状アルキル

解離してカルボキシラートイオンとして存在する．またリシン（Lys）のアミノ基やアルギニンのグアニジウム基はプロトン化している．このように負の電荷や正の電荷を持つものは，水と強い親和性を持つと同時に，異なる電荷同士で互いに静電的に引き合う．またアスパラギンやグルタミンのアミド基やセリン（Ser）のヒドロキシ基のように，電気的には中性であるが，水との親和性が高いグループもある．一方，アラニン（Ala）のメチル基やフェニルアラニン（Phe）のベンゼン環のように，水との親和性の小さな無極性（疎水性ともいう）の官能基は，水との接触をできる限り避けるために，お互い同士で身を寄せ合う．このように無極性官能基同士が水中で会合する現象は疎水性相互作用と呼ばれ，生体反応に関与する分子間力の中でも最も重要なものの一つである．

2.2 タンパク質の階層構造

アミノ酸のアミノ基とカルボキシ基が次々と縮合してポリペプチドとなる．そこで，ポリペプチドの主鎖上にはアミド結合と α 炭素とが交互に並んでおり，α 炭素にアミノ酸側鎖が結合している（図2.1）．ここで，アミド結合の中の C−N 結合は一重結合として描かれているが，実は，隣のカルボニル基との共役のために二重結合性を帯びており，室温ではほとんど回転できない．したがって，ポリペプチドの主鎖で自由に回転できる結合は，アミド結合の両側の $C^{\alpha}-C(=O)$ ならびに $C^{\alpha}-NH$ 結合だけである．

しかし，水溶液中でポリペプチドが，棒のようにまっすぐに伸びた形で存在することはまずない．ほぼ全ての場合には，側鎖や主鎖の間で多様な相互作用をし，その結果，α 炭素と隣の炭素ならびに窒素との間の結合を回転して全

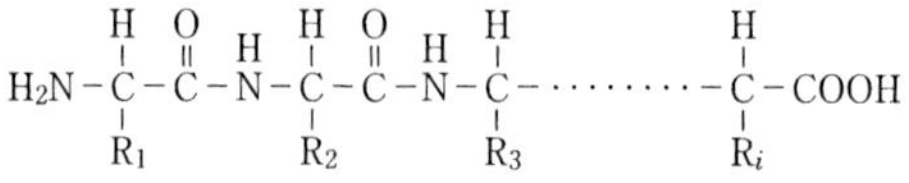

$$\text{H}_2\text{N}-\underset{\underset{R_1}{|}}{\overset{\overset{H}{|}}{C}}-\underset{\underset{}{}}{\overset{\overset{O}{\|}}{C}}-\underset{}{\overset{\overset{H}{|}}{N}}-\underset{\underset{R_2}{|}}{\overset{\overset{H}{|}}{C}}-\underset{}{\overset{\overset{O}{\|}}{C}}-\underset{}{\overset{\overset{H}{|}}{N}}-\underset{\underset{R_3}{|}}{\overset{\overset{H}{|}}{C}}-\cdots\cdots-\underset{\underset{R_i}{|}}{\overset{\overset{H}{|}}{C}}-\text{COOH}$$

図 2.1　ポリペプチドの構造

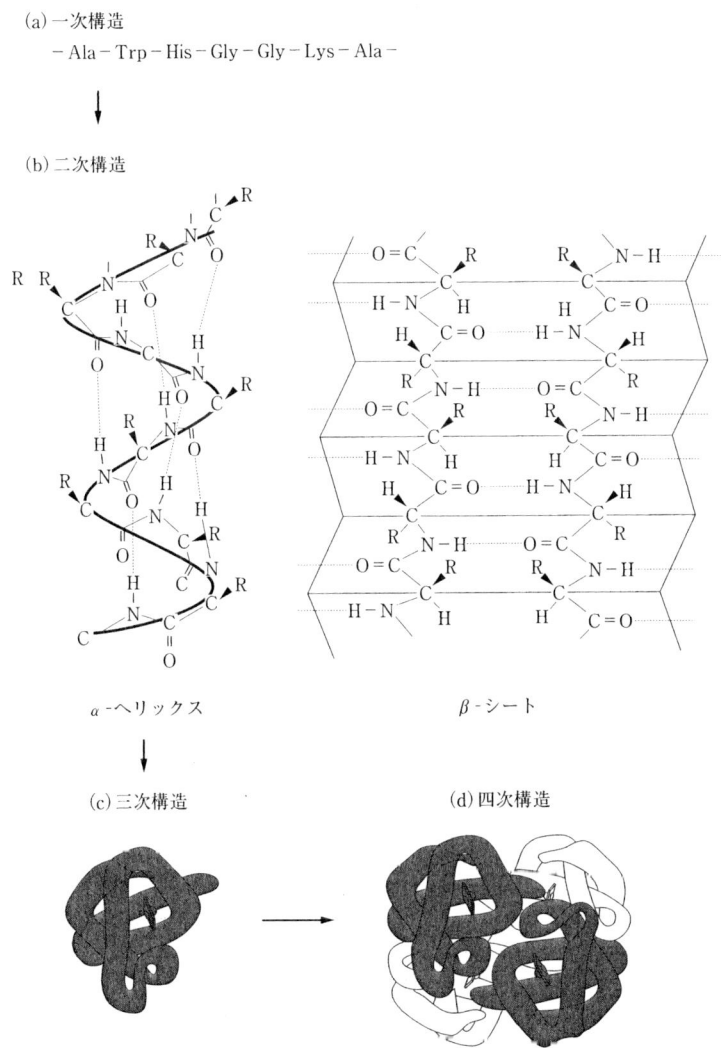

図2.2 ポリペプチドの階層構造

体を小さくたたむ．こうして，複雑な高次構造をした状態で種々の機能を発揮する．この折りたたみの過程は，次のような階層構造（図2.2）としてとらえると理解しやすい．

(1) 一次構造

ポリペプチド鎖上でのアミノ酸の並び方，つまり，どのアミノ酸をどの順番でいくつ結合するかを一次構造と呼ぶ（図 2.2 a）．言うまでもなく，タンパク質の構造と諸特性を決定する最も基本的な要因である．ポリペプチドを表示するときには，N 端を左端に書き，ここから順に番号をつける規則になっている．そこで，例えば，Gly-Lys-Ser は

$$H_2N-CH_2-CONH-CH((CH_2)_4NH_2)CONH-CH(CH_2OH)COOH$$

を表す．生体で広く使われる α-アミノ酸には 20 種類あるので，このように 3 個のアミノ酸を並べただけでも，20^3 通り（$=8000$ 通り）の一次構造が生まれる．仮に数百のアミノ酸を並べたとすれば，一次構造の数はまさに天文学的なものとなる．このように，ポリペプチドは非常に多種多様である．

(2) 二次構造

アミド結合は，優れた水素結合能を持つ．ここでは，$-NH$ が水素供与体として，また $-C=O$ が水素受容体として機能する（場合によっては，$-NH$ の窒素原子が水素受容体として水素結合を形成する）．そこで，同一のポリペプチド鎖のアミド結合同士，あるいは，異なる鎖のアミド結合同士が水素結合することにより，二次元的な規則構造ができあがる．これを二次構造という．中でも重要であるのが，α-ヘリックスと β-シートである（図 2.2 b）．

α-ヘリックス（図 2.2 b の左側）では，1 本のポリペプチド鎖のアミド結合が 4 つ目ごとに水素結合し，右巻きのらせんを作る．3.6 個のアミノ酸残基で，らせんは 1 回転する（ピッチは 5.4 Å（$=0.54$ nm）である）．一方，2 本の鎖が伸びた状態で平行（あるいは逆平行）に並んで，両者のアミド結合が次々と水素結合すると平面構造ができあがる．これが β-シートである（b の右側）．タンパク質全体の構造を表示するときには，通常，α-ヘリックスは円筒で，また β-シートは N 端から C 端へと向かう矢印で表す（図 2.3）．

(3) 三次構造

こうして部分的に二次元的構造を形成したポリペプチド鎖は，さらに折りたたまれて複雑な立体構造（三次構造）を形成する（図 2.2 c）．基本的には，親

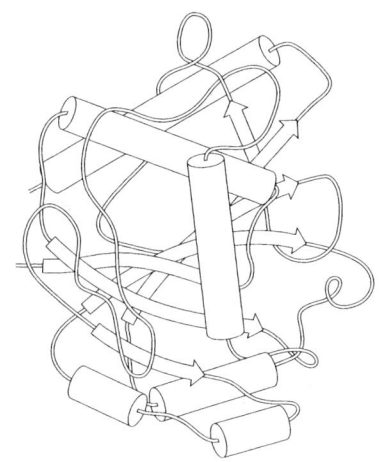

図 2.3 タンパク質の中における二次構造

水性のアミノ酸側鎖（表 2.2 および表 2.3 を参照のこと）はできるだけタンパク質の外部に出て水と接触しようとするし，一方，疎水性の側鎖は内部にとどまって水との接触を避けようとする．同時に，適当な相手を見つけて水素結合したり，あるいは，反対の電荷を持つ側鎖官能基を探してクーロン相互作用をしようとする．しかし，ポリペプチドの一次構造からの要請で，アミノ酸側鎖の全てがこれらの要求を完全に満たすことはできない．つまり，一部の親水性側鎖はやむをえず疎水性の環境に取り残され，また一部の疎水性側鎖は親水性の環境に置かれる．あるいは，負の電荷を持つ官能基が互いに近い距離に置かれる．このような状況は，単に複数の分子を水に加えただけでは決して実現しない．ポリペプチドが高分子であるからこそ出現する特殊な化学環境であり，タンパク質が特異的機能を発現する主たる原因の一つである．

以上述べてきた非共有結合性の相互作用に加えて，ポリペプチド鎖に含まれるシステイン残基の側鎖であるチオール基が酸化され，ジスルフィド結合（−S−S−）が形成される．もちろん，安定な共有結合である．ジスルフィド結合の形成は，同じポリペプチド鎖の中でも，あるいは，異なるポリペプチド鎖の間でも起こり，三次構造全体を安定なものとしている．

（4）四次構造

三次構造をとったタンパク質が，さらに複数個で会合していっそう高度な機能を発揮することがある．このような会合構造は四次構造と呼ばれ（図2.2 d），自己制御機能を持つタンパク質でしばしば見られる．

例えば，私たちの体の中で酸素を運搬するヘモグロビンは4個のタンパク質（サブユニット）で構成され，それぞれのサブユニットにヘムという鉄錯体が1つずつ入っている．ヘモグロビンが効率的に酸素を運搬するためには，これらのサブユニットの協同作用が必須である．すなわち，4個のサブユニットのうちの1個（のヘム）が酸素分子を結合すると，このサブユニットの全体構造がわずかながら変化する．すると，その変化が他の3個のサブユニットに伝播し，これらの構造を変化させる．重要な点は，この構造変化により，残り3個のサブユニットの酸素結合能が高められることである．この正の協同効果のために，ヘモグロビンは，酸素分圧の高い場所（肺）では非常に強く酸素を結合する．しかし，体の末端に行って酸素分圧が下がると，このような協同効果は働かなくなるので酸素結合力が弱まり，結合していた酸素を速やかに離すことができる．こうして，高酸素分圧下での強力な酸素結合と，低酸素分圧下での弱い結合とを巧みに両立させて，効率的な酸素運搬を実現している．このように，サブユニットが協同作用して全体の機能を非線形的に変化させることをアロステリック効果と呼ぶ．

2.3 一次構造の分析法

ポリペプチドの一次構造の決定はタンパク質化学における最重要課題の一つであり，迅速かつ正確に決定する方法が多くの研究者の努力により開発されている．ここでは，現在広く用いられている"アミノ酸配列分析装置（シークエンサー）"について簡単に紹介しよう．この方法は，Edman分解と呼ばれる反応を基本としている．その概要を図2.4に示す．まず，ポリペプチド試料にフェニルイソチオシアネートを作用すると，N末端のアミノ基が反応してフェニルチオカルバモイル基が生成する．ここに酸（例えばトリフルオロ酢酸）を

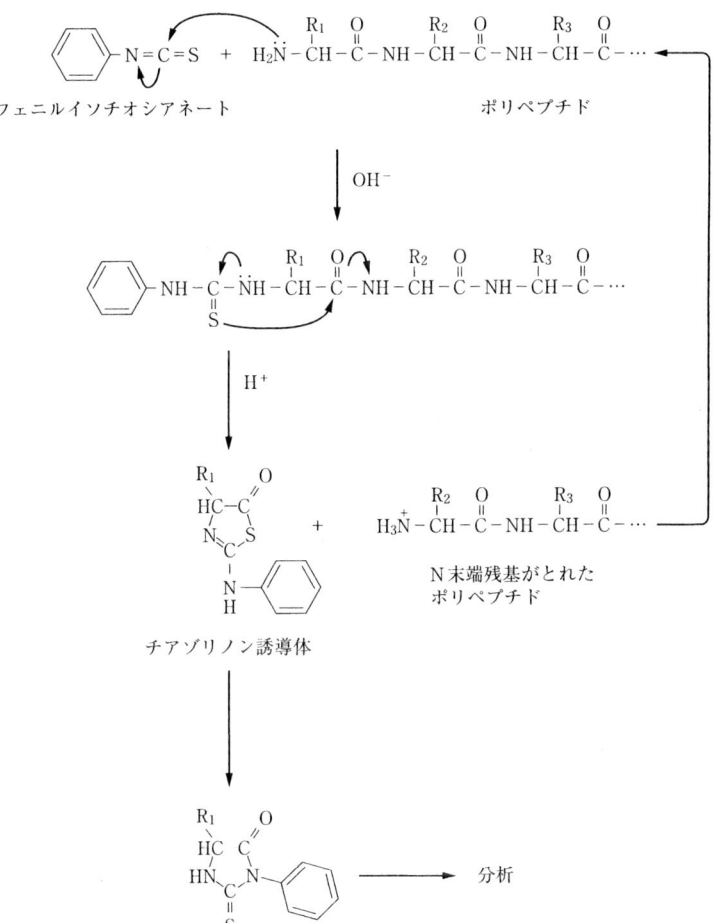

図2.4 Edman分解を用いるペプチドの一次構造の決定

作用させると，N末端のアミノ酸残基だけがチアゾリノン誘導体として遊離し，N端が1つ削られたポリペプチドが生成する．そこで，両者を分離した後に，チアゾリノン誘導体を分析すれば，ポリペプチドのN端にあったアミノ酸が決定できるわけである（実際には，チアゾリノン誘導体を，より安定なフェニルチオヒダントイン誘導体に導いた後に分析する）．次に，N端が1つ

削られたポリペプチドに対して，同じ操作を繰り返し，（もとのポリペプチドの）N端から2番目のアミノ酸を決定する．こうした繰り返しにより，ポリペプチド全体の一次構造を決定する．

2.4 タンパク質の変性と再生

「ポリペプチドの一次構造がタンパク質全体の高次構造を決定する」ことに対する最も有力な証拠は，Anfinsenによる再生実験である．対象とされたタンパク質は，リボヌクレアーゼAというRNAを加水分解する酵素である（触媒機構は11.2.2項に記載されている）．この酵素は124個のアミノ酸残基から構成されており，内部に4本のジスルフィド結合を形成して三次構造を安定化している．まず，この酵素を，尿素（8 mol/L：水素結合をはじめとする非共有結合性相互作用を壊す）と2-メルカプトエタノール（還元剤）を含む水溶液で処理する．すると，非共有結合性相互作用が破壊され，またジスルフィド結合が還元されて切断され（−SHとなる），ポリペプチドの構造は完全にほどけた状態(ランダムコイル；random coil)となる．この状態ではもちろん酵素活性は全くない．

しかし，尿素と2-メルカプトエタノールを透析により除去し，ついでpH 8の水溶液中で空気にさらして放置しておくと，−SHが酸化されてジスルフィド結合が再びできあがる．それに伴って，酵素機能がしだいに回復し，やがてはもとの活性に戻ることがわかった．つまり，一度完全に壊された高次構造が，自発的に復元（再生；renaturation）したわけである．こうして，タンパク質の高次構造に関する情報は，ポリペプチドの一次構造の中に保存されていたことが実証された．タンパク化学の基礎を確立したまさに見事な実験である*．

---

* ただし，すべてのタンパク質がこのようにうまく再生できるわけではない．高次構造をいったん壊すと，容易にはもとに戻らない例も多々ある．確かに，基本的には，ポリペプチドの一次構造が高次構造を決定する．しかし，事態はもっともっと複雑であり，他の色々な因子が複雑に絡み合って，それぞれのタンパク質固有の高次構造を決定しているようである．

2.5 アミノ酸側鎖のイオン化状態のpH依存性

　ここで，種々のアミノ酸側鎖が，反応条件でどのようなイオン化状態にあるかを定量的に調べておこう．これは，それぞれの官能基の物理化学的性質や触媒能を正しく理解するのに決定的に重要である．例えば，アンモニアでも，NH_3 は電気的に中性で，相手からプロトンを奪う塩基である．それに対して NH_4^+ は正の電荷を帯びており，相手にプロトンを与える酸として働く．大変な違いである．イオン化状態の重要性がよく理解できるだろう．

　溶液中では，アミノ酸側鎖 AH には

$$AH \rightleftarrows A^- + H^+ \tag{2.1}$$

の平衡があり，いずれの pH でも，

$$K_a = \frac{[A^-][H^+]}{[AH]} \tag{2.2}$$

が成立している（それぞれのアミノ酸側鎖の共役酸のおよその pK_a は，表2.3 に記載したとおりである）．この式と，$[AH]_0 = [A^-] + [AH]$ であることを用いると，

$$[AH] = \frac{[AH]_0 \cdot [H^+]}{[H^+] + K_a} \tag{2.3}$$

および

$$[A^-] = \frac{[AH]_0 \cdot K_a}{[H^+] + K_a} \tag{2.4}$$

が得られる．ここで，$[AH]_0$ は溶液に加えられた酸 AH の全濃度である（系内の化学種 AH の平衡濃度 $[AH]$ とは全く異なるので注意すること）．

　これらの式を用いて，例えば pK_a が 7 である酸の pH 6 でのイオン化状態を求めてみよう．$K_a = 10^{-7}$ mol/L, $[H^+] = 10^{-6}$ mol/L であるので，(2.3) 式より

$$\frac{[AH]}{[AH]_0} = \frac{10^{-6}}{10^{-6} + 10^{-7}} = \frac{10}{11}$$

となる．したがって，加えた酸のうちで，91％がプロトンを結合した非解離

セレンを含むアミノ酸！

　セレン化合物は一般に毒物として知られている．しかし，天然には特殊なアミノ酸として，システインのS原子がSeに置換されたセレノシステインがあり（下図参照），重要な役割を担っている．

　例えば，グルタチオンペルオキシダーゼという酵素の活性中心はセレノシステインであり，側鎖のSeH基が触媒基である（(2.5)式と(2.7)式では，プロトンを解離して$E-Se^-$となっている）．この酵素は，体の中に過酸化水素や有機過酸ができたときに，グルタチオン（G−SH：下図に示すようにチオール基を持つ還元物質）を還元剤としてこれを分解し，体に無害なものに変える働きをしている．さもないと，過酸化水素や過酸化物が脂質を酸化し，細胞に重大な損傷をもたらしてしまうからである．

　この酵素による過酸化物の分解反応は，酵素のSeH基のアニオンによる求核攻撃で進行する（(2.5)−(2.7)式）．

$$E-Se^- + ROOH + H^+ \rightarrow E-Se-OH + ROH \qquad (2.5)$$

$$E-Se-OH + G-SH \rightarrow E-Se-S-G + H_2O \qquad (2.6)$$

$$E-Se-S-G + G-SH \rightarrow E-Se^- + G-S-S-G + H^+ \qquad (2.7)$$

(2.7)式で生成したグルタチオンの酸化物であるG−S−S−Gは，さらにNADH（9.3節）により還元されてG−SHに戻る．このように，一般には毒性があるとして毛嫌いされているSeに，生体防御の最前線で重要任務を担わせるとは，まさに"毒をもって毒を制す"である．生体もなかなかやるものである．

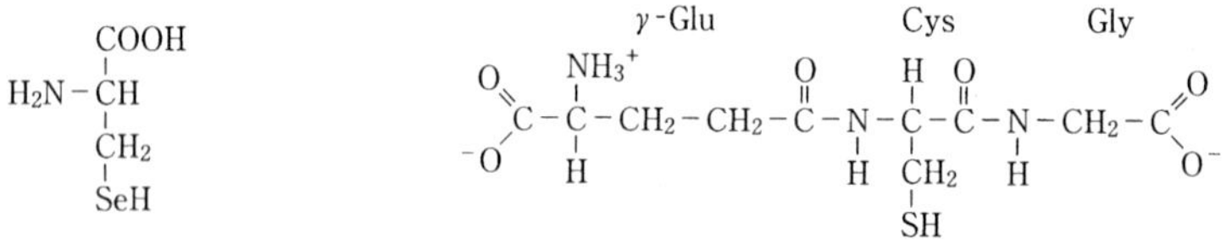

セレノシステイン　　　　　　　グルタチオン（G−SH）

状態 (AH) で存在し，残りの 9％ が解離して A^- として存在していることがわかる．同様に，pH 8 では，

$$\frac{[AH]}{[AH]_0} = \frac{10^{-8}}{10^{-8}+10^{-7}} = \frac{1}{11}$$

である．結局，各 pH における非解離化学種 (AH) の割合は，0.001(pH 10)，0.01(pH 9)，0.09(pH 8)，0.5(pH 7)，0.91(pH 6)，0.99(pH 5)，0.999(pH 4) といったぐあいに変化する．もちろん，残りが解離した化学種 (A^-) である．反応系に加えた化学種が AH でいるのか A^- でいるのかは，触媒特性をはじめとする諸物性に決定的な影響を与え，本書でもこれから何度かでてくる．したがって，この関係は十分に理解しておいてほしい（ここの部分の"酸の解離状態の pH 依存性"がよくわからない読者は，物理化学の講義で使った教科書をもう一度読み直すこと）．

演習問題

[1] 表 2.3 の pK_a の値と (2.3)，(2.4) 式を用いて，pH 7 における主要な化学種がこの表に記載されたとおりであることを確認せよ．

[2] 次のオリゴペプチドは，pH 7 で，全体としていくつの電荷を持つか？
    Gly-Lys-Cys-Asp-Asn-Glu-Ala

[3] ポリペプチドの中にリシン残基が連続していると，この部分は α-ヘリックスにはなりにくい．なぜだろう？

[4] 30 個のアミノ酸残基で構成される α-ヘリックスはどれぐらいの長さになるか？

[5] ヘモグロビンによる酸素結合量を，酸素分圧に対してプロットすると，どのような曲線が得られるだろうか？

第3章 核　　酸

　前章で学んだとおり，生体のさまざまな機能を直接に担当しているのはタンパク質である．ただし，タンパク質がどのような機能を発揮するかはポリペプチドの一次構造により支配されており，その一次構造はDNAによって決められている．つまり，種々の作戦を練り上げて全体を支配している司令部がDNAであり，その指示に従って任務を遂行するのがタンパク質である．もちろん，いずれも超一流の大スターであり，身体の中で大活躍している．

　DNAの上には，どのアミノ酸をどのような順番で連結してポリペプチドを作るかが記録されている．同時に，あるポリペプチドをどれだけの量作るかも，基本的にはDNAにより支配されている．これらの情報に従って作られたタンパク質が酵素であれば，ある特定の生体反応を選択的に触媒する．DNAの別の場所には，別の酵素の一次構造が記録されている．また別の場所には，さらに別の酵素の一次構造が，…．こうして，生物の体内ではさまざまな酵素が必要な量だけ作り出され，一連の化学反応を迅速に，しかも互いに秩序正しく進めている．もちろん，DNAの情報に基づいて作られるポリペプチドは酵素だけではない．タンパク質性ホルモンや膜タンパク質をはじめとする全てのタンパク質の一次構造（ならびにそれに由来した機能）も，同様にDNAの上に記録されている．

　本章では，核酸（DNAとRNA）の構造と機能に関してその概要を学ぶ．より詳細な内容に興味のある読者は，成書（例えば，渡辺公綱・姫野俵太著『生命化学II』丸善，2003）を参照すること．

3.1　遺伝情報の流れ：セントラル・ドグマ

　DNA上に書かれたタンパク質の構造に関する情報は，

$$\text{DNA} \xrightarrow{\text{転写}} \text{mRNA} \xrightarrow{\text{翻訳}} \text{タンパク質}$$

の経路で伝達される．これをセントラル・ドグマという．つまり，DNAの情報に従ってmRNA(messenger RNA；伝令RNA)が作られ（転写過程），mRNAの情報に従ってアミノ酸が並べられてタンパク質が作られる（翻訳過程）．mRNAはDNAのコピーであるから，結局，DNAがタンパク質の一次構造を決定する．

3.2 核酸の構造

核酸は，リボースという五炭糖の$1'$位に核酸塩基が結合したヌクレオシドがリン酸と交互に結合した高分子である（図3.1）．ヌクレオシド同士は$3'$位と$5'$位との間でリン酸ジエステル結合により結ばれている．DNAではリボースの$2'$位がH原子に置換されているが，RNAではヒドロキシ基のままであ

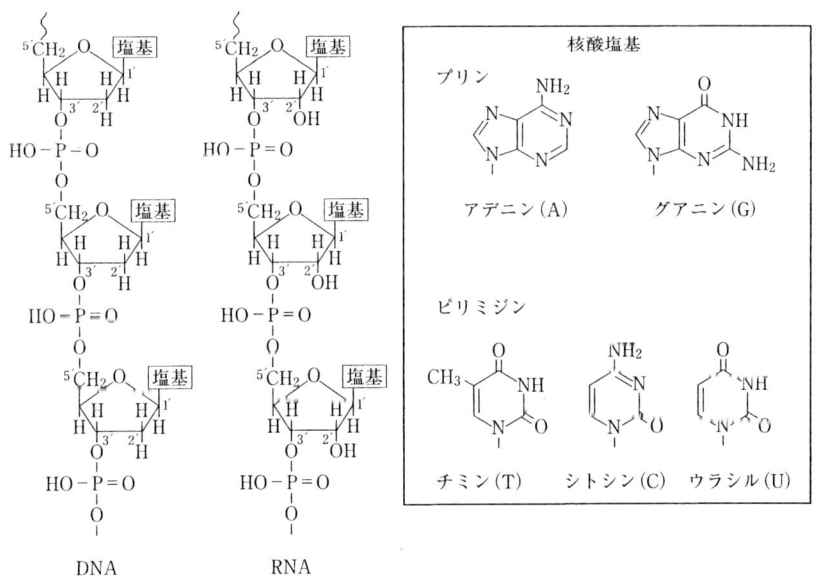

図3.1 核酸の構造

り,両者の化学構造の違いはこれだけである.中性溶液中ではリン酸ジエステル部分はいずれもモノアニオンとして存在しているので,ヌクレオチド単位1つごとに1つの負電荷がある.そこで,核酸は,全体として非常に大きな負の電荷を帯びている.

遺伝情報を直接に担うのは,リボースの1′位に結合した核酸塩基であり,DNA, RNA のそれぞれに対して4種類が存在する.これらは,プリンと呼ばれる縮合複素環と,ピリミジンと呼ばれる六員環分子の2つのタイプに分類される.図3.1に示すように,DNAを構成するプリンはアデニン(A)とグアニン(G)であり,ピリミジンはチミン(T)とシトシン(C)である.RNA では,プリンは DNA と同じく A と G であるが,ピリミジンとしては C に加えてウラシル(U)が使用されている.ただし U は,T の 5′ 位のメチル基が H 原子に換わったものであり,水素結合形成能は T と全く同じである.

さてここで,A は T(または U)と,また G は C と選択的にペアー(ワトソン・クリック型塩基対)を組む(図3.2).このように核酸塩基が特定の組み合わせだけで選択的に結合することは,バイオの世界で最も重要な憲法であり,核酸の生体機能のほとんど全てはこれに基づいている.

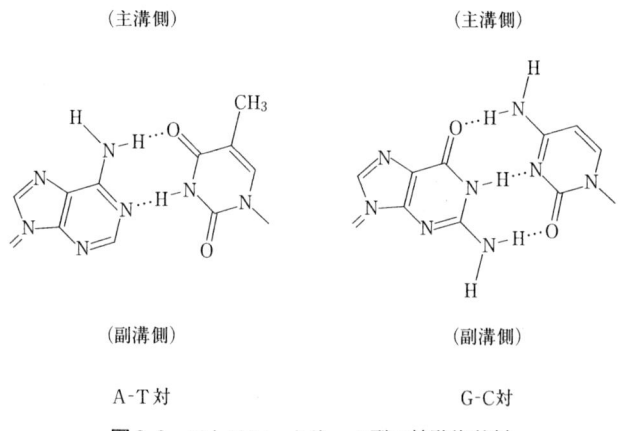

図 3.2 ワトソン・クリック型の核酸塩基対

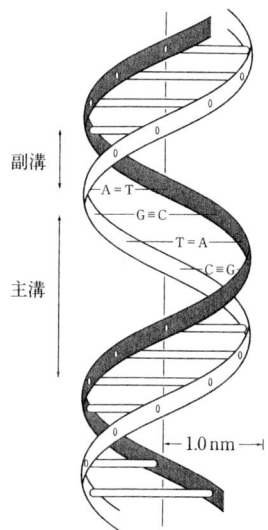

図 3.3 DNA の二重らせん構造

3.2.1 DNA

　DNA は通常，B 型と呼ばれる右巻きの二重らせん構造をしている（図3.3）．ここでは，2 本の DNA 鎖が逆向きに並び（一方は $5'\to 3'$ の方向，他方が $3'\to 5'$ の方向），両者の核酸塩基同士が次々とワトソン・クリック型塩基対を形成していく．さらに，隣り合った核酸塩基対同士は，互いにピッタリと重なり合ってファンデルワールス コンタクトしている（スタッキングという）．この構造はグラファイトの層と層との結合（ファンデルワールス結合）と類似であり，隣接したワトソン・クリック型塩基対の間の距離は 3.4 Å（= 0.34 nm）である．ただし，塩基対はまっすぐ上下に重なるのではなく，少しずつ右巻きにねじられながら重なっていく．こうして DNA の右巻きらせんができあがる．ここで，図 3.2 の AT 塩基対と GC 塩基対が，全体としての形と大きさがほとんど同じであることに注目していただきたい．核酸塩基の順番を変えて TA や CG の組み合わせにしても，塩基対全体の形は同じである．そのために，これらの塩基対は二重らせんにひずみを与えることなくその中に組み込まれる．これが，ワトソン・クリック型塩基対がほぼ 100 ％ の選択性

で形成される一つの理由である．DNAを表示するときには，5′端を左端に，3′端を右端に書くこととなっている．したがって，格別に断り書きがなければ，ATGATTCAG では 5′端が A，3′端が G である．ここに CTGAATCAT を持ってきて 2 本の鎖を互いに逆方向に並べれば，全ての核酸塩基がワトソン・クリック型の塩基対を作り，二重らせんが形成される．このとき，2 本の DNA は互いに"相補的"であるという．

生体内に存在する DNA は，例外を除いて，極めて大きな分子である．例えば，ヒトでは，DNA を形成する塩基対の総数は 30 億にも達する*．したがって，この DNA をそのまままっすぐに伸ばせば 1 m（3.4 Å×30 億）もの長さになる．しかし，実際には，ヒストンと呼ばれる塩基性タンパク質（リシンやアルギニンを多く含むカチオン性のタンパク質）と複合体を形成して細かく折りたたまれ，ミクロン・オーダーの大きさを持つ核の中にきちんと収められている．

3.2.2 RNA

DNA に比べて，RNA ははるかに小さく，塩基数は数千程度の場合が多い（次に述べるように，核酸塩基 3 個で 1 つのアミノ酸を規定するので，基本的には，mRNA の塩基数はコードしているタンパク質のアミノ酸数の 3 倍である）．DNA とは異なり，RNA は一般に一本鎖で存在するが，自分の鎖の中で相手を見つけて塩基対を形成し，複雑な高次構造をとる場合が多い．

3.3 トリプレット・コドン

DNA がポリペプチドの一次構造を記録する際には，3 つの連続した核酸塩基の配列（トリプレット・コドン）が単位となり，これで 1 個のアミノ酸を規定する．例えば，DNA 上に核酸塩基が GAT と並べば（もう一方の DNA 鎖

---

* この 30 億個の塩基の配列を解読したのが，最近話題になっている"ヒューマンゲノム・プロジェクトの完成"である．世界中が協力したこと，ならびに解析用機器の飛躍的な進歩により，予定よりもはるかに早く完成した．

は 5′-ATC-3′ となる)，これは「20 種類のアミノ酸の中からアスパラギン酸を持ってきなさい」という信号である．同様に，核酸塩基が TCA (他方の鎖の配列は TGA) と並べば，セリンが規定されるといった具合である．このようにして，DNA の中で核酸塩基がどのような順番で並んでいるかにより，ポリペプチドの一次構造が規定される．

　ここで，mRNA は，その名のとおり，DNA とタンパク質をつなぐ伝令の役割を果たす．つまり，DNA は巨大すぎて，一つ一つのタンパク質を作るたびごとにその全体を使うのは効率が悪い．私たちの身の回りでいえば，たった一つの項目を調べるために何万ページもの分厚い百科事典を何冊も図書館からわざわざ借りてきて，その中の 1 冊を選び出して該当する項目を引くようなものである．これを効率化するために生体が考えた方策が，DNA の中で必要な部分だけを mRNA 上にコピーし (転写過程)，これをポリペプチド合成のためのメモとして使うことである．ポリペプチド合成が済めば，mRNA は不要になるので使い捨てにしてしまう．300 個のアミノ酸で構成されるタンパク質を記録するには，塩基数 900 の RNA で十分であり，わざわざ DNA 全体に出動を要請するまでもないのだ (上にも述べたとおり，人間の DNA は 30 億個もの核酸塩基対で構成されている)．

　mRNA の情報に従ってタンパク質を作ることを翻訳といい，リボソームと呼ばれる細胞小器官で行われる．ここでは，tRNA (transfer RNA；転写RNA) と呼ばれる別の種類の RNA が登場する．tRNA は，(1) アミノ酸を結合するサイトと，(2) mRNA の上のトリプレット・コドンを認識するサイトの 2 つを持っている．(1) は tRNA の 3′ 端にあるリボヌクレオシドのヒドロキシ基であり，アミノ酸のカルボキシ基とエステルを形成してアミノ酸を結合する (この反応はアミノアシル tRNA 合成酵素という酵素が担当する)．一方，(2) は tRNA の特定の位置にある 3 つ連続した核酸塩基群であり，mRNA 上の対応するトリプレット・コドンと対を形成する．ここで，ペプチドを構成する 20 種類のアミノ酸のそれぞれに，ペアーとなる tRNA が決まっている．しかも，アミノアシル tRNA 合成酵素は tRNA とアミノ酸の組み合

わせを正確に判別し，正しいペアーである場合にのみ両者を結合する．そのために，mRNAの情報に従ってtRNAが正確に並べられれば，必然的に，tRNAに結合したアミノ酸が正しく並べられる．これらのアミノ酸が縮合し，mRNAの情報に従った一次構造を持つポリペプチドが合成される．このようにして，セントラル・ドグマ（DNA→mRNA→タンパク質）が成立する．

3.4 核酸の溝の重要性

　DNAの二重らせんの構造（図3.3）を見ると，らせんに沿って溝が走っているのがわかるだろう．大きなものと小さなものの2種類があり，それぞれ主溝（major groove），副溝（minor groove）と呼ばれる．実は，この溝が，DNAが生体機能を発揮する際には非常に重要なのである．

　上で述べたとおり，核酸にはタンパク質に関する情報が記録されている．これらのタンパク質の中には，"いつも大量に必要なもの"，"量はそれほど要らないがいつも必要なもの"，"めったに必要はないが特別な場合には必須となるもの"など色々なものがある．DNAは，生体の内部や外部環境と情報をやり取りしながら，体がその時点で要求するタンパク質を作るために必要な量のmRNAを作る．この際の生体の内外との情報のやり取りは，第3物質（多くの場合はタンパク質）がDNAの所定の部分に結合することにより行われる．すなわち，第3物質が結合すればそれに応じてmRNAの生成が促進され（あるいは抑制され），それに従ってタンパク質の生成が促進（または抑制）されるというわけである．この情報のやり取りの場となるのが，主溝や副溝である．

　図3.2で，AとT，またGとCがワトソン・クリック型塩基対を形成しても，核酸塩基の中にはまだまだたくさんの水素結合サイトが残っていることに注目してほしい．これらの水素結合サイトは，主溝か副溝のいずれかの中に存在する（図3.2の塩基対の上側が主溝で，下側が副溝である）．つまり，2種類の溝の中には，溝の方向に沿って水素結合サイトが次々に並んでいる．もちろん，どこに水素供与体がありどこに水素受容体があるかは，核酸塩基の種類により決まる．したがって，第3物質の立場から見てみると，溝の中に存在す

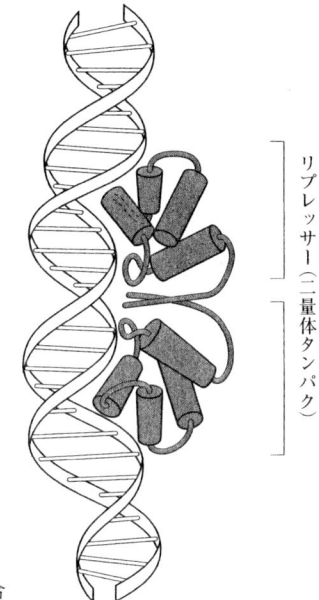

図3.4 DNAの溝へのタンパク質の結合

る水素結合サイトの数と種類から核酸塩基の種類が判断できるわけである．こうして，特定の分子が所定の場所に結合し，核酸の機能を制御している．図3.4は，リプレッサーと呼ばれるタンパク質（二量体構造）が，DNAに結合した様子を表している．DNA二重らせんの溝（この場合は主溝）の中にタンパク質のα-ヘリックスが入り込み，そこで核酸塩基と多数の水素結合をすることにより特定の場所を正確に認識している．

3.5 核酸の化学合成

今日では，DNAもRNAも，核酸合成機と呼ばれる機械を使って非常に簡便かつ迅速に化学合成できる．基本的には，A, G, C, T（またはU）のそれぞれに対応した原料を機械にセットし，並べたい順番をボタンで指定した後に反応をスタートするだけである．五十量体程度のDNAやRNAであれば，一晩も反応させた後で多少の精製をすれば，十分にきれいなサンプルができあが

る．こうして核酸が誰にでも容易に入手できるようになったことが，昨今のバイオテクノロジーの隆盛に拍車をかけたことは疑いの余地がない．

　核酸合成機の原理を簡単に説明しよう．ここで最も重要な鍵は，核酸合成を，溶媒に溶けない高分子に結合した状態で行うことである．たったこれだけのことで，目的物の分離精製が格段に簡素化される．例えば，CGTTA…という核酸を作るとする．まず，合成機を使わずに，通常の溶液反応で合成する場合を考えてみよう．均一な溶液の中に A, G, C, T の原料を入れて反応させたのでは，もちろん，これらがランダムに反応してしまってどうしようもない．そこで普通は，まず C と G を適当な溶媒の中で反応させる．すると，CG という目的物以外に，未反応の C と G が残る．もしこのままで次の T を加えたとすると，CGT 以外に CT や GT が生成し，さらに未反応の T が残る．このようにして反応を進めていった場合，何段階かの反応の後には，極めて数多くの生成物の混合物が得られることになる．ここから目的物だけを分離精製するのはほとんど不可能である．また，目的物の収量も少なくなってしまう．したがって，実際には，各段階が終了した後で目的物を分離精製し，これを次の段階の反応に使わなければならない．ところが，この分離精製という操作が面倒でまたコストがかかり，DNA や RNA の化学合成の大きな障害となっていた．

　ところが，反応の開始点となる C を高分子担体に結合しておくだけで，状況は一変する．つまり，G と反応した後で系を溶媒で十分に洗えば，高分子に結合した CG だけが残り，その他は洗い流される．そこで次に T を入れて反応させ，その後で溶媒によりまた洗浄する．こうして，CGT が得られる．これを繰り返せば，目的とする DNA が非常に高い選択性で合成できるというわけである．最後に，できあがった DNA を高分子担体からはずせば万事終了である*．RNA の合成法も基本的には同じである．全く同じ原理で，アミノ酸

---

* 通常の核酸合成機では，3′側から 5′側に向かって合成していくので，上で述べたのとは方向が逆であるが，本質的には全く変わらない．

を規則正しく並べてポリペプチドを合成することもできる．

　こうした化学合成の特色は，仮に天然には存在しない核酸やタンパク質であっても，私たちのデザインに従って自在に合成して利用できるということである．つまり，私たちが必要とする機能を持つ分子や金属錯体を核酸やタンパク質の中に自由に導入できるので，天然物のみを用いる場合とは質的に全く異なるサイエンスが生まれる．

3.6 核酸の合成アナログ：PNA

　最近，ペプチド核酸（PNA：Peptide Nucleic Acid）と呼ばれる核酸アナログが注目されている．このアナログでは，天然のDNAにおいて主鎖を構成するリン酸ジエステルの代わりにアミド結合が使用され，この主鎖に核酸塩基Bが結合している．したがって，DNAが大きな負電荷を持っているのに対して，PNAは電荷を持たない．さまざまな化学構造のPNAが報告されているが，中でもよく用いられるのは，図3.5に示すように，2-アミノエチルグリシンの縮合体を主鎖骨格とするものである．DNAやRNAの構造（図3.1）と比べると，1単位当たりの主鎖の元素数（6個），ならびに主鎖から核酸塩基までの元素数（2個）は同じであるが，両者の構造は全く異なる．しかし，PNAは次のような重要な特性を持つ．

（1）DNAやRNAと同じように，相補的なDNAやRNAと安定な二重鎖を形成する．
（2）形成される二重鎖は，天然のDNA/DNA，DNA/RNA二重鎖よりも，はるかに安定である．それは，天然系の二重鎖では核酸の負電荷

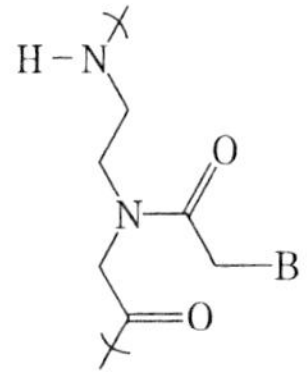

図3.5　ペプチド核酸（PNA）

の間に大きな静電反発が働くのに対し，PNA は中性であるのでこのような反発がないためである．
(3) 天然の DNA が細胞内のヌクレアーゼにより容易に分解されるのに対して，PNA は分解されない．
(4) DNA/PNA 二重らせんの中に，一つでもマッチしていない塩基の組み合わせ（ミスマッチ）があると，二重らせんが非常に不安定化される．その不安定化は，DNA/DNA 二重らせんにおけるよりもはるかに大きい．つまり，完全にマッチしているものに対する選択性が極めて高い．

したがって，PNA は，DNA の機能をさらに高めたアナログとしてのさまざまな応用が大いに期待されている．

ゲル電気泳動

テレビ，新聞，雑誌などで，図3.6 (a) のように，はしご状に線が連なった写真を見たことがあるだろう．これは，DNA がどれぐらいの大きさであるかを分析する方法で，"ゲル電気泳動"と呼ばれている．バイオテクノロジーで用いられる実験手法の中で，最も重要なものの一つである．

原理は，多くの網目構造を含んだゲルの中を DNA を動かして，網目にどれぐらい引っかかるかを評価して DNA の大きさを判定するものである (b)．実験方法はごく簡単である．まずガラス板の上に，ポリアクリルアミドという高分子や寒天の薄い板を作り，この中に DNA を入れる．ここに電圧をかけると，DNA は負の電荷をもっているので，負から正の方向に向かって流れる．ここで，大きな DNA は網目に引っかかってなかなか進めないのに対し，小さなものは網目をスイスイとくぐり抜けていく．ちょうど，運動会の障害物競走のようなものである．その結果，小さい DNA ほど，長い距離を動く．そこで，移動した距離を測ることによって，「試料の中の DNA がどれぐらいの大きさであったか？」がわかる．

ただし，DNA は目に見えないので何らかの工夫が必要である．例えば，

3.6 核酸の合成アナログ：PNA

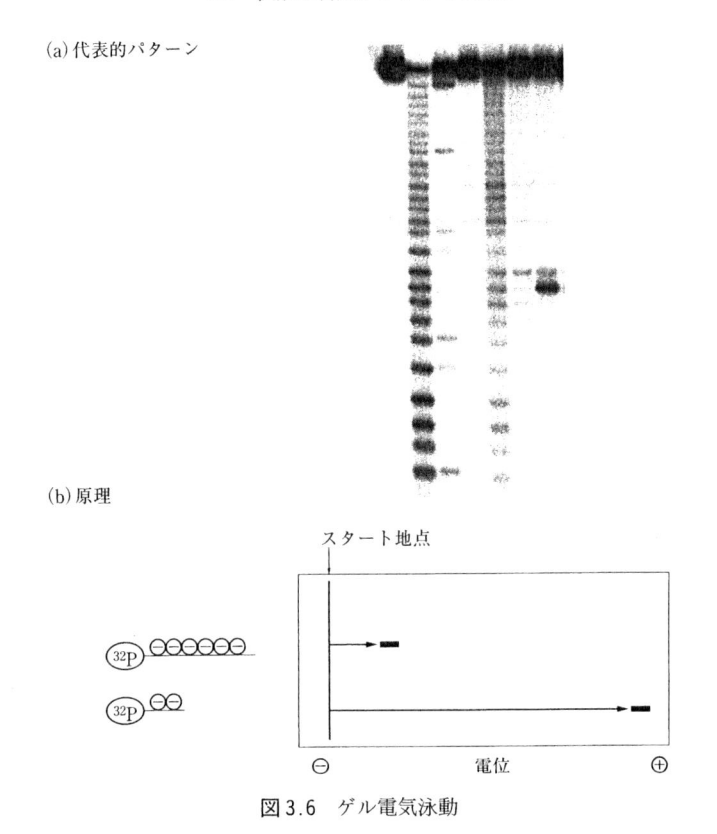

(a) 代表的パターン

(b) 原理

図3.6 ゲル電気泳動

DNAを染める色素でゲルを染色すると，DNAが存在するところだけに色がつく．あるいは，DNAに放射性の元素（普通は ^{32}P）を結合しておいて，電気泳動の後でフィルムを置いて感光させる．もちろん，DNAがあるところだけが感光するので，DNAが存在する場所が確認できる．図3.6 (a) は，このようにして撮った写真である．

演 習 問 題

[1] 4つのヌクレオチドを連結してオリゴヌクレオチドを作る．何種類できるか？

[2] テキスト (p.22) で述べたとおり，1つのアミノ酸を指定するのに3個の核酸塩基（トリプレット・コドン）が使用されている．もし2個の核酸塩基でアミノ酸を規定すると，どのような不都合が生じるだろうか？

第4章 バイオテクノロジー

　今日，私たちの身の回りには，バイオテクノロジーで作られた製品があふれている．またバイオ関連のビッグニュースが，連日のようにマスコミをにぎわしている．まさに，この世はバイオ全盛である．皆さんの中にも，バイオテクノロジーに興味を持っている人が多いことだろう．すでに第2章と第3章で，バイオテクノロジーの根幹となるタンパク質と核酸の構造と機能を理解したので，これに基づいて，少し科学的な観点からバイオを見てみよう．

　前章で学んだように，DNAの上に書かれた情報は，

$$\text{DNA} \xrightarrow{転写} \text{mRNA} \xrightarrow{翻訳} \text{タンパク質}$$

の経路でタンパク質まで伝達される．つまり，DNAの上の塩基配列が決まれば，これに対応したタンパク質の一次構造は一義的に決まる．ここには，タンパク質生産を担当する生物（例えば大腸菌）が，このタンパク質を作りたいか作りたくないかは全く関係がない．ただ，DNAがそこにあるからタンパク質を作るだけである．この自然の摂理を巧みに利用しているのが，バイオテクノロジーである．すなわち，微生物や細菌のDNAを改造して，私たちが必要とするタンパク質に関する情報をここに書き込む．すると，微生物や細菌は，自分には必要がないにも関わらず，この情報に従ってそのタンパク質を作る．そこで，私たちはこれをいただいてきて，ありがたく使わせてもらっているわけだ．

4.1 遺伝子操作の概要

　生物のDNAの中に，"私たちが"必要とするタンパク質の情報を書き込む手法（遺伝子操作）について紹介しよう．多くの場合，ここで使われるDNA

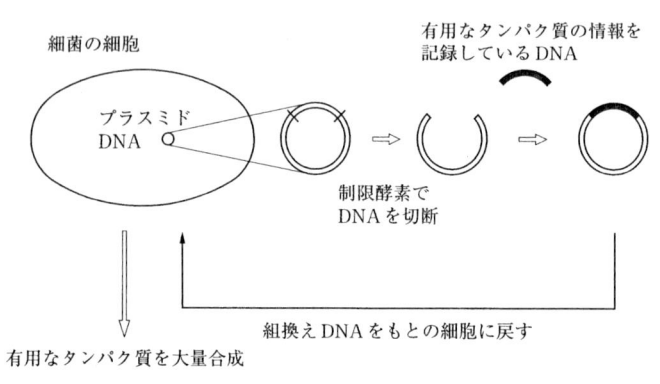

図4.1 遺伝子操作の概要

は，細菌が持つ，プラスミドDNAと呼ばれる小さなDNAである．核酸塩基対の数にして4000〜5000程度のDNAであり，端と端がつながった環状構造をしている（図4.1の白帯）．

まず，制限酵素と呼ばれる酵素を使って，プラスミドDNAを特定の位置で選択的に切断して直鎖状にする．この酵素は，DNAの中でも4〜6個の核酸塩基が特定の順序で並んだところを選択的に切る特性を持っている．一方で，私たちが必要とするタンパク質の情報を記録しているDNA断片（図の黒帯）を入手する．この断片は化学的に合成してもいいし，あるいは別の生物から取ってきてもかまわない．いずれにしても，このDNA断片を，直鎖状にしたプラスミドDNAの両端と結合し，全体を環状構造に戻す．ここでは，リガーゼという別の酵素を利用する．ちょうど，白いリボンで作った輪をはさみで切って，ここに黒いリボンを貼り込むのに似ている．バイオテクノロジーが"のりとはさみ"で成立しているといわれる意味がわかるだろう．

さて，これで，DNAが再び環状になるとともに，この中に必要な情報が書き込まれたわけである．そこで，この環状DNA（組換えDNA）を，細菌細胞の中に戻す．すると，細菌は与えられた情報に従って，所定のタンパク質を作る（形質転換；transformationという）．そこで，私たちは，このタンパク質を利用させてもらうわけである．こうして，合成化学的には容易に作れない

ような複雑なオリゴペプチドや酵素が大量かつ安価に入手できるので，私たちはこれを医薬，食品，洗剤…などさまざまな目的に使用している*.

4.2 制限酵素

　遺伝子操作のカギを握っている制限酵素は，実は下等生物の自己防御手段である．細菌類が外敵から攻撃を受けた際に，最も効果的な防御法は，敵の本丸を破壊することである．そこで，細菌は制限酵素を用意しておいて，外敵が来ると敵の本丸（DNA）を切断して破壊する．いずれの制限酵素も，特定の塩基配列の部分を選んでそこを切断するようにできている．例えば，代表的な制限酵素である *Eco*RI は

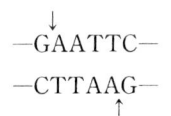

$$\begin{array}{c} \downarrow \\ -\text{GAATTC}- \\ -\text{CTTAAG}- \\ \uparrow \end{array}$$

という配列を選び，矢印のところで切断する．こうして，外敵を完全にノックアウトする．天然にはこのような制限酵素が非常に数多く存在し，それぞれ異なる塩基配列のところでDNAを切断する．そこで，これらをはさみとして使って，前項で述べたようなDNAの改変（遺伝子操作）を行っている．

　ただし，細菌自身のDNAが，自分で作った制限酵素で切られてしまっては困る．そこで，生物は，自分のDNAの中で制限酵素の切断を受ける配列をもった場所を化学修飾（通常はAやCの適当な位置のメチル化：図4.2）して，制限酵素がここに働かないようにしている．こうして，自分のDNAは制限酵素からきちんと保護し，何も知らずに侵入してくる外敵のDNAだけを切断して身を守るわけである．実に巧みな戦術である．

---

　* ある生物種が本来持っていないタンパク質をその体内で作らせれば，その生物は新たな生化学的な機能を持つことになる．例えば，特定の害虫を退治するタンパク質を植物に作らせれば，殺虫剤を使うことなしに，この植物を害虫から守ることができる．いわゆるバイオ作物である．もちろん，このタンパク質がその害虫以外には無害であるように，十分に検討が重ねられている．

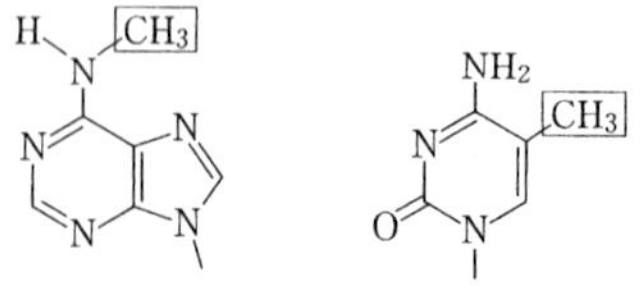

図 4.2 制限酵素から自己の DNA を保護するための化学修飾

N^6-メチルアデニン　　5-メチルシトシン

4.3 組換え DNA の細胞への導入

さて，遺伝子組換えが終了し，目的の遺伝情報を DNA に書き込んだら，次は，この組換え DNA を適当な細胞の中に入れる．しかし，基本的に，このプロセスはそれほど容易ではない．それは，細胞の周囲を取り囲んでいる細胞膜は，細胞の内部と外部を隔てる障壁の役割を担っており，特定の事情がなければ物を通さないようにできているからである．ましてや DNA は非常に巨大な分子であり，しかも多くの負の電荷を持っているので，細胞膜を透過させるのは大変に難しい．そこで，色々な工夫がなされている．

4.3.1 コンピテント細胞

実験室で大腸菌の遺伝子組換え実験を行う際に，最もよく使われる方法である．大腸菌の細胞を（細胞周期の中の特定の時期に）塩化カルシウムで処理すると，効率的に DNA を取り込むように性質が変わる（コンピテント；competent になったと表現する）．そこで，組換え DNA の溶液を単にこの細胞にふりかけて放置するだけで，ごく簡単に遺伝子を導入することができる．

4.3.2 リン酸カルシウム法

この手法は，動物細胞への遺伝子導入でよく用いられる．組換え DNA を含む塩化カルシウム水溶液を，リン酸の水溶液に，撹拌しながら滴下する．すると，DNA とリン酸カルシウムからできた微粒子が沈殿してくる．この微粒子の中では，DNA の負の電荷が中和され，これらの電荷の間の静電反発が緩和されており，そのために DNA は小さくたたまれた分子構造をとっている．そこで，この微粒子を細胞に作用すると，細胞の食作用により組換え DNA が内部に取り込まれる．

4.3.3 遺伝子導入用試薬

効率的な遺伝子導入を実現するために，さまざまな合成試薬が開発されている．これらの試薬は，ほとんど全ての場合に，多くの正電荷を持つ部分と，細胞膜に対する親和性を持つ部分の両方をあわせ持っている．正電荷とDNAのリン酸基とが相互作用すると，DNAの負の電荷が中和され，そのためにDNAが小さくたたまれる．こうして膜を通過しやすくしておいて，さらにこれを，細胞膜に親和性を持つ部分で包み込む．その結果，組換えDNAが容易に細胞膜を通過できるというわけである．代表的なものとして，N-(1-(2,3-ジオレイルオキシ)プロピル)-N,N,N-トリメチルアンモニウムクロリド（カチオン性脂質）と，ジオレオイルホスファチジルエタノールアミン（中性脂質）との1：1混合物が市販されている．

実際に組換えDNAを細胞に導入するには，まず，これらの試薬を水に加え，二分子膜でできたリポソームという球状の集合体を作る*．次に，ここにDNAを加えると，リポソームとDNAとの複合体ができる．そこで，この溶液の中で細胞を培養すると，目的のDNAが細胞の中に取り込まれる．

4.3.4 パーティクル・ガン

この方法は，上で述べた2つの生化学的方法と違って機械的な手法である．つまり，私たちの要求に従って組換えを行ったDNAを，金やタングステンの微粒子の表面につけ，そのまま火薬銃やヘリウムガス圧銃で細胞に打ち込むわけである．実に荒っぽい方法であるが，特に，植物の細胞にDNAを導入するのに適している．というのも，植物の場合には，細胞膜のさらに外側に細胞壁があり，組換えDNAはこれも通過しなければ細胞内部には入れない．"壁"という言葉からも類推されるように，細胞壁は硬くて，容易に物を通過させな

---

* 細胞膜を構成する脂質は疎水性部分と親水性部分からなり，これらが2分子ずつ平面方向に並んで膜構造を形成する．ここでは，2つの分子の疎水性部分が膜の内側を向いて互いに接する．また親水性部分は膜の外側を向いて膜の表面に並んで水と接する．このような膜を二分子膜という．リポソームでは，二分子膜が，細胞膜におけるように平面とはならずに球状構造をとっている．

い．そこで，銃を使って正面突破を図るわけである．

4.3.5 レトロウイルスの利用

　ここまでに述べた方法では，組換え DNA は細胞の内部には取り込まれるが，染色体の中に組み込まれているわけではない．そのために，細胞が細胞分裂を起こしたときには，"遺伝子組換え"の情報は娘細胞には伝わらない（「だから安全である」という議論も成立するが…）．どうしても娘細胞にも情報を伝えたければ，目的 DNA を染色体に組み込む必要がある．現在では，このような場合には，レトロウイルスの助けを借りるのが一般的である．このウイルスは，ガンウイルスやエイズのウイルス（HIV）に代表される一群のウイルスであり，その遺伝子は RNA である．大きな特徴は，自らの遺伝情報を宿主細胞の染色体 DNA の中に組み込んだ上で，宿主の力を借りて増殖していくことである．そこで，目的とする遺伝子をレトロウイルスの遺伝子に入れ込んでおけば，レトロウイルスが，目指す細胞の染色体 DNA の中にこの遺伝子を組み込んでくれるというわけである．もちろん，これらのウイルスが悪役として働かないように，"DNA を相手に組み込む"という能力だけが残るように工夫してある．

　この手法を使って，いわゆる"遺伝子治療"が行われているのは，マスコミを通じて読者もご存知だろう．ただ問題は，(1) 染色体の中で DNA が入る場所がウイルスまかせであること，ならびに，(2) レトロウイルスが今はおとなしくしているが，いつなんどき私たちを裏切って牙をこちらに向けてくるかわからないこと，などである．もちろん，十二分な検討を重ねたうえで使用されているので，基本的には全く問題はないはずなのだが….

4.4 タンパク質の生産

　細胞内に導入した組換え DNA が十分に活躍してくれれば，導入した遺伝情報に基づいて所望のタンパク質が大量に作られる．一般に，タンパク質は細胞外には排出されないので，細胞内部で封入体（inclusion body）を形成する．そこで，封入体を壊してタンパク質を得る．ところが，ここで問題が生じる．

つまり，封入体を単に壊しても，そのタンパク質本来の機能が出てこない場合も少なくないのだ．それは，封入体内のタンパク質の高次構造が，活性型タンパク質の構造とは異なる場合があるためである（2.2 節参照）．

このような場合に，目的の機能を発現するタンパク質を得るためには，封入体の中のタンパク質を一度ほどいて，もう一度正しい形に折りたたみ直す必要がある．ちょうど 2.4 節でリボヌクレアーゼ A を再生したように，タンパク質を折りたたみ直す（リフォールディングする）必要があるわけだ．一般的には，尿素などの変性剤で非共有結合性相互作用を破壊して高次構造をくずした上で，徐々に変性剤を除いて高次構造を再生する手法がとられる．しかし，最適な再生処理条件（温度，pH，イオン強度，再生速度，添加物など）はまさに"case by case"であり，それぞれのタンパク質に適した多くの手法が"trial and error"で開発されている．

4.5 生物有機化学の役割

バイオテクノロジーでは，酵素，核酸，細胞をはじめとする種々の道具が使用されているが，用いられているのは天然から入手した材料ばかりである．つまり，現在のバイオテクノロジーは全面的に天然に依存している．もちろん，それでも，驚異的にすばらしい成果がこれまでに達成されてきたのは，皆さんもよくご存知のとおりである．

しかし，このように天然材料だけに依存していたのでは，バイオテクノロジーの発展に陰りが生じ，やがては限界に達してしまうのは間違いない．なぜなら，天然は自らの生存を至上命令とし，そのために必要な機能だけを実行するからである．人類のために大然があるわけでは決してない．将来にわたって生命現象を工学として十二分に活用していくためには，「天然材料を巧みに活用するバイオテクノロジー」から，「自分で道具を作って，これを使って天然に積極的に働きかけるバイオテクノロジー」へと脱皮する必要がある．この次世代バイオテクノロジーに必要な新しい道具を作り出すにも，生物有機化学の知識と技術が必須である．今後いっそうの発展が期待される分野である．

PCR 法

　新聞やテレビで"PCR (Polymerase Chain Reaction)"という言葉を見たことがあるだろう．犯行現場に残されたほんの小さな血痕からでも，犯人を特定するのに十分な量のDNAを作り出して，犯人逮捕に大活躍している．もちろん，バイオテクノロジーにも，なくてはならない技術の一つである．

　この技術の概要を図4.3に示す．重要な道具は，"DNAを鋳型にして，これを複製する酵素（DNAポリメラーゼ）"である．この酵素が働くにはプライマーと呼ばれる短いDNAが必要であり，これが鋳型のDNAに結合していると，これを伸ばす形で（一本鎖でいる部分を補充する形で）相補的なDNAを合成する．まず，鋳型になるDNAを用意する（図の左上）．第3章で述べたとおり，通常は二本鎖（二重らせん）状態で存在しており，このままでは酵素反応の鋳型にはならない．そこで，温度を上げて二本鎖をバラバラにして2本の一本鎖DNAにする．ここにプライマーを入れ，温度を下げて一定時間おくと，本来の（長い）DNA鎖の代わりにプライマーが結合する（左下）．さてここにDNAを合成するための原料（ATP, GTP, CTP, TTP：第5章参照）と酵素を入れると，酵素の作用で，いずれのDNA鎖からも相補的なDNAが合成される．こ

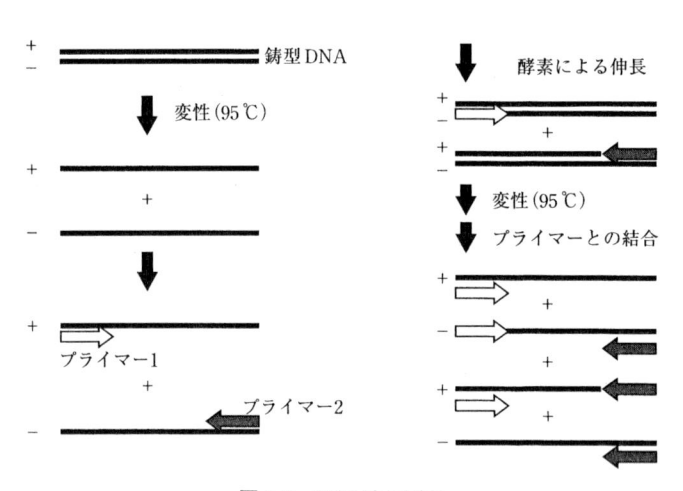

図4.3　PCR法の原理

れで第1ステップの終了であり、1本の二本鎖DNAが2本の二本鎖DNAに増えたわけである（右上）。

次に、また温度を上げて、(2本の)二本鎖DNAを一本鎖状態にし、これを鋳型にして酵素を働かせる。すると、このステップでは鋳型の数が最初の2倍であるので、できてくるDNAは最初の4倍に増える。この操作を繰り返せば、ステップごとに倍倍ゲームになるので、例えば15回の反応の後には、2^{15}倍（3万倍以上）にもDNA量が膨れ上がることになる。まさに"打ち出の小槌"である。

演 習 問 題

[1] 真っ赤に熟れても腐らないトマトが話題になっている。どのようなメカニズムになっているのか考えてみよ。

[2] 犯行現場から$1\mu g$のDNAが入手できた。このDNAに対してPCRを15回繰り返したら、DNAはどれだけの量に増えるか？　ただし、PCRは100％の効率で進むものとする。

第5章 生体反応のエネルギー源：ATP

　化学反応は必ず"自由エネルギーが減少する方向に進む"．しかし，生体反応の中には，その進行に伴って自由エネルギーが増加するものも少なくない．生命とは基本的に無秩序から秩序を作り上げるものであり，当然のことながらこの過程はエントロピー（S）の減少を伴う．したがって，生体反応の中に，Gibbsの自由エネルギー（$G = H - TS$：H はエンタルピー，T は絶対温度）の増加を伴う反応が多いのも無理からぬことであろう*．当然のこととして，これらの反応は自発的には進まない（5.3節を参照のこと）．しかし，それでも，何とか工夫して反応を目的方向に進めないことには，生命体を維持することができない．

　そこで，生体があみだした戦術は，アデノシン三リン酸（ATP；adenosine triphosphate）を大量に用意しておいて，これを捨石として利用して目的を実現しようとするものである．本章で学ぶように，ATPの分解は自由エネルギーの減少を伴うので，本来は自由エネルギーが増加してしまう目的反応を，ATPの分解反応の陰に隠れてそっと進めてしまおうというものである．こうして，エントロピー増大の法則をかいくぐって無秩序から秩序を生み出している．すなわち，ATPこそが生化学反応を目的方向に進める原動力である．私たちが生命活動の中で消費するエネルギーの大半はATPの生合成に使われ，このATPを利用して種々の生体反応を進めている．

---

* 生体反応はほとんどすべての場合に，温度一定，圧力一定の条件で行われる．この場合，"系のGibbs自由エネルギーの減少"と，"全宇宙のエントロピーの増加"とは完全に1：1に対応している．つまり，温度一定，圧力一定の条件で反応を行っている場合には，「Gibbsの自由エネルギーが減少する方向に反応は進む」という表現は，私たちがよく知っている「宇宙のエントロピーは必ず増加する」と全く同じことを言っているに過ぎない．

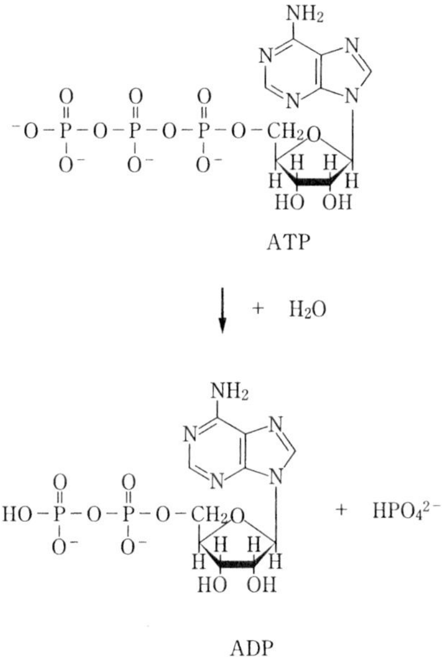

5.1 ATPはなぜ高エネルギー物質として働くのか？　　　　　　　　　　41

図5.1　ATPの構造とADPへの加水分解

5.1　ATPはなぜ高エネルギー物質として働くのか？

　まず，ATPの加水分解に伴ってなぜ自由エネルギーが減少するのかを，物理化学的に理解しよう．アデノシンの5′位のヒドロキシ基に結合した三リン酸に注目してほしい（図5.1）．三リン酸には4つの解離性のヒドロキシ基があるが，その中の3個はpK_aが2以下であり，生体が通常働く条件（pH≃7）では完全に解離している．また，残りの1個のヒドロキシ基のpK_aは6.5であるので，76％が解離している．したがって，中性条件では，ATPは約3.8個の負電荷を持っている．もちろん，これらの負電荷の間には大きな静電反発が働いており，そのためにATPは不安定な状態（自由エネルギーが高い状態）に置かれている．そこで，ATPは，自ら加水分解して負電荷の間の距離を増すことにより，この静電反発を緩和しようとする．ATPの加水分解に伴って系が安定化する（この方向で自由エネルギーが減少する）のはこのためである．例えば，中性条件において図5.1の反応（ATP + H_2O → ADP + 無機リン酸）が起こると，系の自由エネルギーは$7.3\,\mathrm{kcal\,mol^{-1}}$も減少する．

生体は，この自由エネルギー変化を使って，目的反応を所定の方向に進める．

5.2　生体反応ではATPはどのように用いられるのか？

　ATPが高エネルギー物質であり，その加水分解に伴って系の自由エネルギーが減少することはわかった．しかし，これを目的反応の原動力に使うとはいっても，これを単に分解して燃料として使うわけではない（実際，ATPを分解したところで，反応系の温度はほとんど変化しない）．化学エネルギーは，熱エネルギーよりも質が高い．したがって，化学エネルギーは化学エネルギーのままで使ったほうがはるかに賢いのである．

　たとえば，目的反応（A＋B→目的生成物）が進むにつれて系の自由エネルギーが増加してしまい，反応が十分に進まないとしよう．この場合，生体は，ATPと反応原料とをまず反応させて，反応原料を自由エネルギーの高い状態（反応性の高い状態）に持っていく．その上で，この活性化された反応原料（$A^{活性化}$）を他の反応原料Bと反応させる．すると，

$$A^{活性化} + B \rightarrow 目的生成物 \quad (+\alpha)$$

の反応は，進行に伴って自由エネルギーが減少するので，この方向にスムースに進む．もちろん，もう一方の反応原料Bも同様にATPにより活性化しておけば，全体として自由エネルギー変化がもっと稼げる．いずれにしても，こうした戦術により，たとえ目的反応の自由エネルギー変化自体が反応に不利（増加の方向）であっても，ATPの加水分解を含む系全体としては，反応方向に向かって自由エネルギーが減少するようにするわけである．上で述べた「目的反応を進めるための捨石としてATPを利用する」という意味がわかったことであろう．

5.3　ペプチドの生合成

　一つの例として次式のペプチド合成を考えよう．

$$H_2N-CHR-COOH + H_2N-CHR'-COOH$$
$$\rightarrow H_2N-CHR-CONH-CHR'-COOH + H_2O \quad (5.1)$$

5.3 ペプチドの生合成

この反応自体は，自由エネルギーが増加する方向である．すなわち，2種のアミノ酸をそのまま水の中に入れただけでは，平衡が右に片寄ることはない．この縮合反応を繰り返してポリペプチドを作りたいのに，これでは困る．そこで，まず前者のアミノ酸とATPとを反応させて，これを高活性な状態にする（実際には，カルボン酸とリン酸との酸無水物を形成する：(5.2)式の1段目の反応）．その上で，第2のアミノ酸を反応させる．すると，アミノ基が酸無水物を攻撃してペプチド結合を形成するのに伴って系の自由エネルギーが減るので，反応はこの方向に効率的に進む．

$$\begin{array}{c} H_2N-CHR-COOH + ATP \rightarrow H_2N-CHR-CO-O-\overset{\overset{O}{\|}}{\underset{\underset{O^-}{|}}{P}}-O-adenosine + PP \\ \downarrow\ + H_2N-CHR'-COOH \\ H_2N-CHR-CONH-CHR'-COOH + AMP + H_2O \end{array} \tag{5.2}$$

反応全体としては，

$$\begin{aligned} &H_2N-CHR-COOH + H_2N-CHR'-COOH + ATP \\ &\rightarrow H_2N-CHR-CONH-CHR'-COOH + H_2O + AMP + PP \end{aligned} \tag{5.3}$$

もちろん，この過程を通じて，捨石として使ったATPは加水分解され，その分だけ自由エネルギーが減少している．したがって，反応系全体として自由エネルギーを得たわけではない．山道で難渋している反応物（この場合はアミノ酸）を，ATPが背中におぶって手助けして峠の上まで持ち上げているだけである．もちろん，ATPの方も疲れたので，ふもとに帰ってゆっくりと休むことになる．

こうしたアミド結合形成反応を繰り返すことにより，ポリペプチドが生成する．ただし，これまでに述べた仕組みだけではアミノ酸がランダムに重合するだけなので，ポリペプチドの一次構造の制御はできない．そこで，実際には3.3節で学んだとおり，アミノ酸とATPから生成した酸無水物を，さらに

tRNAと反応させてこれに結合する．そして，tRNAとmRNAとの塩基対形成を使ってアミノ酸を規則正しく並べ，これらの配列順序を制御している．しかし，反応の進行方向の決定という熱力学的な観点では，ここで述べた自由エネルギーの話で全てかたづいている．

5.4 DNAとRNAの生合成

　生体内でDNAやRNAが合成される際にも，三リン酸の加水分解による自由エネルギーの減少が反応を進めるための原動力である．例えば，DNAを鋳型とするmRNAの生合成（転写過程：第3章）で単量体として使われるのは，リボヌクレオシドの三リン酸（NTP）である（NTPには，RNAで用いられる4種の核酸塩基のそれぞれに対応してATP, GTP, CTP, UTPの4つがある）．これらの単量体はいずれも，分子内における静電反発により高エネルギー状態であるために，これらが縮合してリン酸ジエステル結合を生成するのに伴って系の自由エネルギーが減少する．そこで，単量体が次々に重合し，mRNAがスムースに生合成されるわけである．それに対して，リボヌクレオシドの一リン酸を単量体として使用したのでは，重合の進行に伴って自由エネルギーが増加してしまい反応が進まない．

　ここでも，4種のリボヌクレオシドの配列順序を制御するためには，DNAの鋳型効果を利用する（図5.2）．鋳型となるDNAの上に例えばGがあると，これと相補的なCTPがここに結合してワトソン・クリック型塩基対を形成する．鋳型DNAの次の塩基がAであれば，同様にUTPが結合する．こうして，DNAの情報に従って4種類の単量体がきちんと並べられる結果，4つのユニットが正確な順序に並べられたmRNAが生合成される．

　同じように，DNAを鋳型としてDNAが複製する際にも，単量体として使われるのは対応する三リン酸である（DNAに使われる核酸塩基に対応して，ATP, GTP, CTP, ならびにTPTの4種類がある）．反応機構はmRNAの生合成とほぼ同じであり，これらの単量体が鋳型DNAとワトソン・クリック型塩基対を作ることにより正しい順序で並べられ，この状態で結合されること

5.4 DNA と RNA の生合成

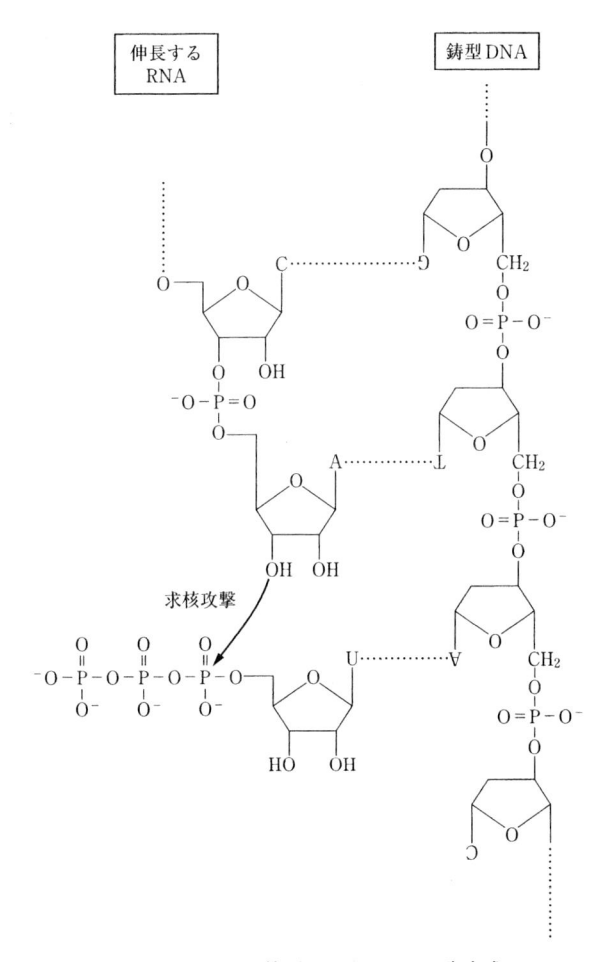

図 5.2 DNA を鋳型とする RNA の生合成

により正確なコピーが作られる．繰り返しになるが，反応を進める原動力は，ここでも，これらの三リン酸が加水分解する際の自由エネルギーの減少である．

5.5 自由エネルギー変化と化学平衡

　私たちが生化学反応が進行するか否かを熱力学的に評価する場合には，原系と生成系の標準自由エネルギーを利用する場合が多い（章末に掲げた演習問題[3]はその一つの例である）．ここで，読者の中には，これまで本章の議論で使った"系の自由エネルギーが減少する方向に反応は進む"という表現を，"生成物の標準自由エネルギーが原料の標準自由エネルギーよりも高いときには，反応は全く進まない（つまり，生成物は全くできない）"と誤解している人がいないだろうか？　そんなことは，決してないのだ．標準自由エネルギーの差（$\varDelta G$）がいくつであっても（たとえ，生成系の標準自由エネルギーの方が高くても），系が平衡に達するまでは反応は進む．ただ，その平衡の位置が，$\varDelta G$の大きさによって異なるだけである．

　簡単のために，反応容器にAを入れ，

$$A \rightarrow B \tag{5.4}$$

という反応を行う場合を考えよう．もちろん，逆反応も可能とする．皆さんもよく知っているように，$\varDelta G$と平衡定数K（= [B]/[A]）との間には，次式の関係がある．

$$\varDelta G = -RT \ln K \tag{5.5}$$

　そこで，$\varDelta G$が正の値であればKは小さな値となり，負の値であればKは大きくなる．例えば，$\varDelta G = +2\,\mathrm{kcal\,mol^{-1}}$のとき，25℃では$K = 0.03$であり，(5.4)式が平衡に達した段階でも，その平衡はほとんど完全に左側に片寄っている．つまり，ほんの少し右に反応が進んで，わずかにBが生成した時点で系は平衡に達してしまい，そこで反応は止まるわけである．一方，仮に$\varDelta G = -4\,\mathrm{kcal\,mol^{-1}}$であれば$K = 820$で，この場合には，Aのほとんどが Bに変わるまで反応が進む．$\varDelta G = 0$であれば，もちろん，AとBの量が同じになった時点が平衡状態で，そこに達するまで反応が進む．このように，標準自由エネルギーの差（$\varDelta G$）は，正確には，"反応が目的方向にどれだけ進むことができるか"を表す尺度と理解すべきなのである．

ATPはどのように作られるか？

　生体の動力源であるATPはどのようにしてできるのだろうか？　もちろん，エネルギーのもとはご飯である．この中のでんぷんが分解され，酸素と反応しながら最終的には二酸化炭素と水に変わるが，この際に生じる自由エネルギーを使ってATPが作られる．

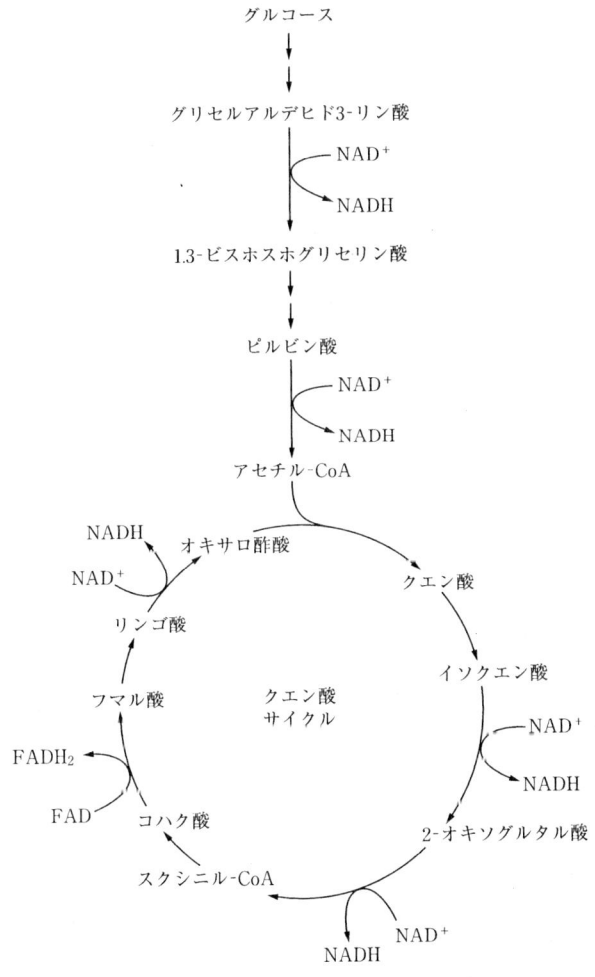

```
                    グルコース
                       ↓↓
                グリセルアルデヒド3-リン酸
                       ↓  ⤵ NAD⁺
                       ↓  ⤴ NADH
                1,3-ビスホスホグリセリン酸
                       ↓↓
                    ピルビン酸
                       ↓  ⤵ NAD⁺
                       ↓  ⤴ NADH
                    アセチル-CoA
         NADH
         NAD⁺ ↖ オキサロ酢酸         クエン酸
              ↖                        ↘
           リンゴ酸                    イソクエン酸
                                           ⤵ NAD⁺
            フマル酸   クエン酸              ⤴ NADH
                     サイクル
     FADH₂ ↖
     FAD         コハク酸           2-オキソグルタル酸
                  スクシニル-CoA  ↙
                            NADH  NAD⁺
```

図5.3　グルコースをエネルギー源とするNADHとFADH₂の生合成

この反応系は，(1) でんぷんの分解による還元物質の生産と (2) この還元物質をエネルギー源とする ATP 生産（酸化的リン酸化）の２つのプロセスから構成される．(1) では，まず，でんぷんがグルコース（$C_6H_{12}O_6$）に分解され，次いでグルコースが２個のピルビン酸（$CH_3C(O)COOH$）に変わる．グルコースの炭素数は６であり，ピルビン酸は炭素数が３であるので，形式的には，グルコースがちょうど半分に分割されたようにも見える．しかし，実際には，この間だけでも数ステップ以上の複雑な酵素反応が絡んでいる．こうしてできたピルビン酸は，クエン酸サイクルと呼ばれる複雑な反応サイクルに取り込まれ，その中で次第に酸化される．この過程で，NADH や $FADH_2$ などの還元剤が作られる（図 5.3）．

さて，(2) のステップでは，こうして作られた還元剤がミトコンドリアで酸素と反応する（図 5.4）．ここで重要なことは，この酸化反応で生成するプロトンが，細胞膜で仕切られた空間の一方の側にだけ放出されるようになっていること

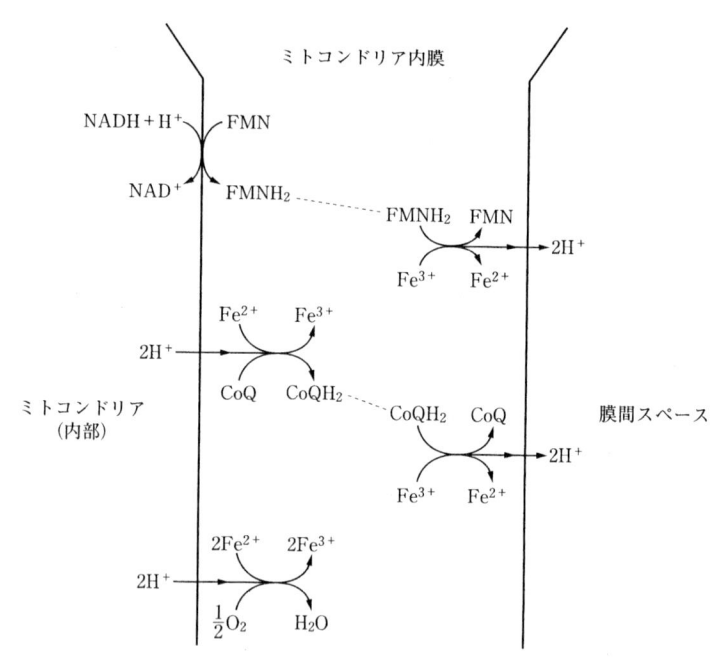

図 5.4　生体膜の両側の pH 差を利用した ATP 合成

である．そのために，酸化反応の結果，細胞膜の両側のプロトン濃度に差が生じる．実は，この生体膜をはさんだ pH 勾配に基づく電気化学的ポテンシャルこそが，ATP の生合成を担当する酵素（ATP 合成酵素）が働くための原動力であるのだ（詳細は成書を見ること）．私たちの身体の中で，ATP の消費量が圧倒的に多いのは脳である．私たちが一生懸命に勉強していると妙におなかが減るのはこのためだろうか？ それとも単に勉強に飽きるからだろうか？

演 習 問 題

[1] pH 4 および pH 9 の水溶液中では，ATP はいくつの電荷を持つか？

[2] ATP + H_2O → ADP + 無機リン酸 の反応は可逆反応である．この反応の自由エネルギー変化が $-7.3\,\mathrm{kcal\,mol^{-1}}$ であるとき，ATP の水溶液は，25 ℃ ではどのような平衡状態にあるか？

[3] （1）化合物 A から B への反応の自由エネルギー変化は $+5.0\,\mathrm{kcal\,mol^{-1}}$ である．25 ℃ で平衡状態にある水溶液中には，どれぐらいの量の B が存在するか？

（2）下式のように，A と B の平衡反応に ATP の加水分解が共役した場合，25 ℃ で B の濃度は A の何倍になるか？

$$A + ATP + H_2O \rightleftharpoons B + ADP + Pi$$

ただし，細胞内の平衡状態における [ATP]/[Pi][ADP] の値は $500\,\mathrm{L\,mol^{-1}}$ であるものとする．

第6章 触媒作用の基礎

　生物の体の中では，さまざまな化学反応が温和な条件で，極めてスムースに進んでいる．これらの反応の中には，通常の条件では容易に進行せず，非常に高い温度にしたり，あるいは強力な酸や塩基を触媒として加えなければ容易に進行しないものも少なくない．しかも，このように強引に反応させたのでは，多くの副生物が生じてしまい目的物の収率は低くなってしまうのが一般的である．それに対して，酵素は，これらの反応を生理条件で円滑に進め，しかもほぼ100％の選択性で目的物だけを与える．一体全体どのような仕組みが働いているのだろうか？　これらの特徴を生み出している"酵素の秘密"については，第7章ならびに第8章で述べることとする．本章では，これらの2章を十分に理解するための基礎として，(1) 化学反応の速度を支配するのは何か，(2) 触媒作用の本質は何か，ならびに (3) 中性の水溶液の中ではどのような触媒作用が有効か，について学ぶこととする．

6.1 反応速度と自由エネルギー変化

　前章で私たちは，(1) Gibbs の自由エネルギーの増減が化学反応の進行の可否を決定すること，ならびに (2) 特定の化学反応を目的方向に進める（自由エネルギー変化を減少方向に変える）ために ATP を捨石にする作戦が有効であること，を学んだ．ただし，そこで問題としていたのは，あくまでも，「その反応が目的方向に進むことが，自由エネルギー的に可能か否か？」ということであった．この熱力学的な問題を解決して目的物の生成を可能にするのには，ATP が極めて有効な働きをする．しかし，このことと，「どれぐらいの時間がたてば，その目的物が得られるか？」とは全く別の問題である．確かに，"熱力学的に許容されない反応（進行に伴って自由エネルギーが増加する

反応)"は，いくら長い時間待っても絶対に進まない．しかし，反応がたとえ熱力学的に許容ではあっても，その反応により生成物が得られるのに何百万年もかかるのでは役に立たない．特に本書が対象とする生体反応では，多くの場合には，数秒（少なくとも数時間）で反応が完結しなければ困るだろう．そこで，本章の主要テーマである"反応の速度を速める"ことが重要となる．

6.2 化学反応の速度を決める因子

　皆さんもよく知っているように，温度を上げれば反応は速くなる．室温で放っておいたのでは容易に進まない反応も，加熱してやると速やかに進むようになる．多くの化学反応の場合，温度を 10 °C 上げると反応速度は 2〜3 倍になる．30 °C 上げれば，その効果は 8〜27 倍である．なぜだろう？　この理由を探るのが，本章の第一の課題である．

　一般に，化学反応の進行に伴って，系全体の自由エネルギーは図 6.1 のように変化する．すなわち，系の自由エネルギーはまず増加し（系が不安定となり），極大点を経由したのちに生成系に至る．ここで，自由エネルギーが極大となる位置が反応の遷移状態であり，原系と遷移状態との間の自由エネルギーの差が活性化自由エネルギー $\Delta G^{\ddagger}$ である．このエネルギー図は，A 村（原系）に住んでいる人が山を越えて，隣にある P 町（生成系）まで歩いて行く

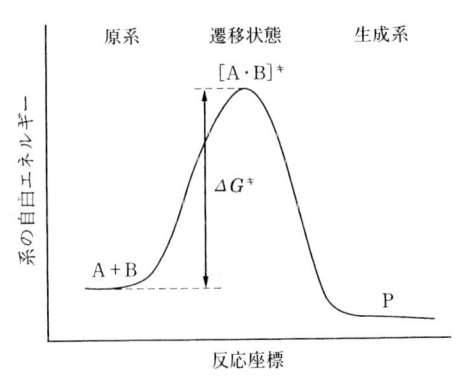

図 6.1　化学反応の進行に伴う自由エネルギー変化

のと同じイメージで見ればよい．もちろん，山が低い方がP町まで行きやすいに決まっている．同じように，ΔG^* が小さいほど反応は進みやすい．つまり，この山の高さこそ，反応の速度を決定する因子である．

　もう少し定量的に述べると，反応速度定数 k と活性化自由エネルギー（ΔG^*）との間には

$$k = \kappa \frac{T}{h} \cdot \exp\left(-\frac{\Delta G^*}{RT}\right) \tag{6.1}$$

という関係がある．ここで κ はボルツマン定数，h はプランク定数である．この式の第1項（$\kappa T/h$）は，遷移状態から生成系に移行する速度であり，第2項（$\exp(-\Delta G^*/RT)$）は，原系と熱平衡にある遷移状態の存在割合である（この式の形から，ボルツマン分布という言葉を思い出しただろうか？）*．つまり，原系に対してボルツマン分布で決められる割合で遷移状態が生成し，遷移状態からある一定の速度で生成物が生成する．反応温度が上がると，$\Delta G^*/RT$ は小さくなり，それに伴って (6.1) 式の右辺の第2項は急激に大きくなる．つまり，遷移状態にいる確率が高まり，反応がそれだけ速くなるわけである．これが「温度が高いほど反応が速くなる」主な理由である（第1項も T とともに大きくなるが，第2項の指数関数の変化に比べれば，その変化は小さい）．

　さて，ΔG^* は活性化エンタルピー（ΔH^*）と活性化エントロピー（ΔS^*）の2つの要素から成り立っており，$\Delta G^* = \Delta H^* - T\Delta S^*$ である（G の定義により $G = H - TS$ であり，私たちは温度一定の系を扱っている）．ここで ΔH^* は「遷移状態に移る際にどれだけエンタルピー的に不安定になるか」を反映している（小さいほど反応は速い）．一方，ΔS^* は「遷移状態に移る際に

---

* ボルツマン分布では，エネルギーが ε である状態をとる確率が $\exp(-\varepsilon/\kappa T)$ に比例する．よって，$\Delta\varepsilon$ のエネルギー差のある2つの状態の分布確率の比は，$\exp(-\Delta\varepsilon/\kappa T)$ である．ただし，これは1つの原子（または分子）に関して計算しているので，1モル単位にすれば，この比は $\exp(-\Delta E/RT)$ になる．もちろん，ボルツマン定数 κ にアボガドロ数をかけたものが気体定数 R になることは知っているはずである．

自由度をどれだけ失うか」の尺度である（ΔS^* が大きいほど自由度の損失は小さく，それだけ反応に有利である）．つまり，遷移状態が熱的に不安定でなく，また自由度の失い方も小さければ，それだけ反応は速やかに進む*．

6.3 触媒作用の本質

上で述べたことから明らかなように，触媒作用の本質は，ΔG^* を小さくすることである．つまり，A村（原系）とP町（生成系）との間にある山を削って低くするのだ（原系と生成系との自由エネルギーの差 ΔG は，反応原料と生成物だけで決まり，触媒の有無には無関係である．つまり，「触媒は反応速度は速めるが，化学平衡には影響を与えない」）．本書が対象とする化学反応はいずれも，親電子試薬と求核試薬との反応である．したがって，ΔG^* を小さくして反応を速めるには，求核試薬の中で電子がリッチな場所に電子を与えて電子密度をさらに高め，また親電子試薬の中で電子が不足している場所から電子を奪い取ってさらに電子欠乏にすればよい．

例えば，エステルの加水分解反応を考えよう（図6.2）．エステルの親電子中心はカルボニル炭素である．この炭素は，隣に電気陰性度の高い酸素原子が2個もあり，これらによって電子を奪われているために電子密度が低く，誰かから電子をもらいたがっている．一方，水の酸素原子は孤立電子対を持ってお

---

* (6.1) 式を変形すると

$$k = \kappa \frac{T}{h} \cdot \exp\left(-\frac{\Delta H^* - T\Delta S^*}{RT}\right)$$
$$= \kappa \frac{T}{h} \cdot \exp\left(\frac{\Delta S^*}{R}\right) \cdot \exp\left(-\frac{\Delta H^*}{RT}\right) \quad (6.2)$$

となる．
この式を，皆さんが高校で習った Arrhenius の式

$$k = A \cdot \exp\left(-\frac{\Delta E_a}{RT}\right) \quad (6.3)$$

と比べてみよう．ここで，A は頻度因子と呼ばれ，ΔE_a が活性化エネルギーである．Arrhenius の式は，ちょうど (6.2) 式で $\kappa T/h$ が温度に関わらず一定であると近似したのに対応している．この項は絶対温度 T の一次に比例し，その温度変化は指数関数の項の温度変化に比べればはるかに小さいので，多くの場合にはこのような近似が成立する．

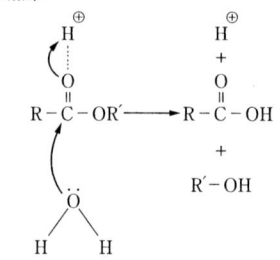

図6.2 種々の反応条件におけるエステル加水分解の機構

(a) 触媒なし

(b) アルカリ添加系

(c) 酸添加系

り，これが求核中心である．しかし，中性溶液中では，反応は容易に進まない．それは，エステルのカルボニル炭素は電子が欠乏しているとはいってもそれほど電子が足りないわけではなく，また水の酸素原子もそれほど積極的に電子をあげたがっているわけではないからである．つまり，お互いに憎からずと思ってはいるものの，あえて反応を起こすほどの熱意もないのだ．これが無触媒反応である(図6.2a)．

しかし，ここにアルカリや酸を加えると，反応は一気に加速される．アルカリを加えた場合には，OH^- が求核試薬である (b)．この化学種は酸素上の電

子密度が高いので非常に求核性が大きく,そのために,エステルの方が特に活性化されていなくても反応はスムースに進行する.一方,酸を加えた場合には,H$^+$がエステルのカルボニル酸素にくっついて電子を引っ張り,親電子中心(カルボニル炭素)の電子密度を下げる(c).こうして親電子中心が活性化されるために,求核性の小さな水でも効果的に求核攻撃が起こり,反応は速やかに進む.

6.4 一般塩基触媒作用と一般酸触媒作用 −酵素が利用する触媒作用−

上で述べたとおり,エステル加水分解を迅速に進めるには,実験室であれば,反応系に水酸化ナトリウムや塩酸を加えればよい.それでは,酵素はこうした戦術を使えるだろうか? 答えはノーである.それは,酵素は多くの場合に中性付近で働き,そこではOH$^-$の濃度もH$^+$の濃度もpHで一義的に決まった小さな値をとるに過ぎないからである(pH 7では,いずれも10^{-7} mol/Lである).そのために,酵素反応では,OH$^-$やH$^+$を触媒として使うわけにはいかない.そこで酵素が考えた戦術が,次に述べる一般塩基触媒作用ならびに一般酸触媒作用である.ここでは,電子を動かす代わりにプロトンをやりとりし,それにより目的の場所の電子密度を望みの方向に変化させて反応を加速する.すなわち,プロトンを所定の場所に与えてそこの電子密度を下げ,またプロトンを奪って電子密度を上げるわけである.水中では,プロトンは簡単に動かせるので,水溶液中での反応にまさに適した触媒作用である.

6.4.1 一般塩基触媒作用

この触媒作用では,塩基を使って求核中心の近傍からプロトンを奪う.すると,求核中心の電子密度が増し,求核性が増大する.図6.3 (a)のエステル加水分解の例では,塩基が水からプロトンを引き抜いて,酸素原子上の電子密度を高めている.その結果,活性化された水の酸素原子が,エステルのカルボニル炭素を求核攻撃する.ここで触媒として使用する塩基は特別な化学構造を持つ必要は全くなく,プロトンを引き抜く能力を持ったもの,すなわちブレンステッド(Brønsted)塩基であれば何でもOKである.一般塩基触媒作用に

(a) 一般塩基触媒作用

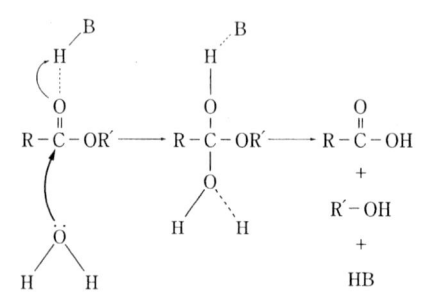

図6.3 一般塩基触媒 (a) と一般酸触媒 (b) によるエステル加水分解

おける"一般"とはその意味でつけられた名前である．

　ここで注意してもらいたいことが2つある．その第1は，「塩基を加えたことで反応系のpHが高くなったわけではない」ということである．もちろん，塩基を添加した後でpHを調整し，元の値に戻してある．また，第2の注意点は，「塩基によるプロトン引き抜きは瞬間的なものであり，そこで生じた"水酸化物イオンもどきの短寿命の化学種"が触媒活性種である」という点である．言うまでもなく，プロトンを引き抜いていない状態の方が熱力学的にはるかに安定であり，反応が起こらなければ，引き抜かれたプロトンは直ちに元に戻され，"水の活性化状態"は消滅する．

6.4.2 一般酸触媒作用

　この触媒作用では，酸を使って，"ヒドロニウムイオンもどきのもの"を瞬

間的に作り，反応を活性化する．すなわち，ブレンステッド酸が親電子中心の近傍に瞬間的にプロトンを与え，そこの電子密度を下げ，親電子性を高める．図6.3 (b) のエステル加水分解では，ブレンステッド酸がエステルにプロトンを与え，カルボニル炭素の電子密度を下げることにより親電子性を高めている．一般塩基触媒作用で述べたのと同様に，ブレンステッド酸でありさえすればその種類によらずに有効であるので，一般酸触媒作用と呼ばれる．また，一般塩基触媒作用で述べたのと同様に，この場合のプロトン供与も，あくまでも瞬間的なものである＊．

6.5　一般酸塩基触媒作用の効率を支配するのは何か？

上で述べたことから，読者の中には，「ブレンステッド塩基（あるいは酸）であれば，どれでも，一般塩基（酸）触媒作用の効率は同じだろうか？」とい

＊　本書の範囲をやや超えるので詳細な記載は避けたが，ブレンステッド酸だけではなく，金属イオンのようなルイス（Lewis）酸もまた一般酸触媒として機能する．例えば，5.4節で述べた"DNAを鋳型とするRNA合成"では，1個ないしは2個のMg(II)（あるいはCa(II)）イオンがリボヌクレオチドの三リン酸に結合し，三リン酸の電子密度を下げることにより，成長末端の水酸基による求核攻撃を促進している（図6.4）．このように，酵素反応の中には金属イオンを補因子とするものも多い（第9章）．

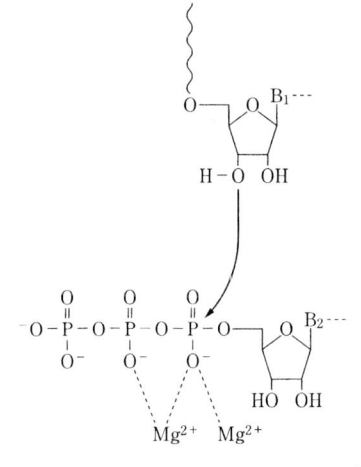

図6.4　RNAの生合成におけるMg^{2+}イオンの一般酸触媒作用

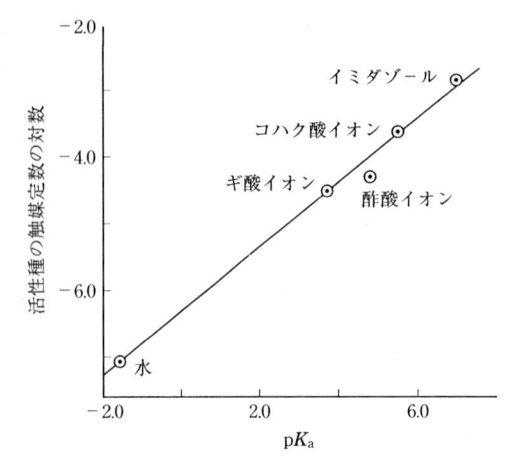

図 6.5 一般塩基触媒によるジクロロ酢酸エチルの加水分解におけるブレンステッド・プロット

う疑問を持つ人もいるだろう．当然の疑問である．結論的にいえば，触媒効率は，もちろん触媒種に依存する．触媒効率を支配する因子は，"触媒活性種の固有の触媒能"と"反応を行うpHにおける触媒活性種の量"の両者である．

まず，"触媒活性種の固有の触媒能"は，一般塩基触媒作用であれば，共役酸のpK_aに比例して増加する．図6.5に代表的な例を示す（このように，触媒定数の対数をpK_aに対してプロットしたものをブレンステッド・プロットという）．傾きは正であり，つまり，相手からプロトンを奪う能力が大きい塩基ほど"固有の触媒能"は大きい．また，一般酸触媒作用であれば，そのpK_aが小さいほど"固有の触媒能"が大きい．

それでは，共役酸のpK_aが大きければ大きいほど，一般塩基触媒としての触媒活性は大きくなるだろうか？　そんなことはない．それは，"触媒活性種の量"が全ての触媒種で同一であるわけではなく，むしろ逆比例の関係に近いからである．例えば，アセテートイオン（共役酸である酢酸の$pK_a = 5$）とアンモニア（共役酸の$pK_a = 9$）*による一般塩基触媒作用の効率を比べてみ

---

* 正確には，アンモニウムイオンのpK_aは9.2，酢酸のpK_aは4.6であるが，計算を簡単にするために近似値を用いている．

よう（もちろん，"酢酸"と"アンモニア"の濃度は同じとする）. 仮に，反応をpH 7で行うとしよう. すると，この条件では，酢酸はほとんどがアセテートイオンとして存在する（つまり，ほぼ全てが一般塩基触媒として有効である）. それに対して，アンモニアは，pH 7では大半がプロトン化しており，非プロトン化状態でいるものは1%にすぎない（2.5節を参照のこと）. すると，アンモニアの"触媒活性種の固有の触媒能"がアセテートよりも10倍大きいとすると，"pH 7での触媒活性"はアセテートイオンの方が大きいことになる（1×1.0 > 10×0.01）. それに対して，アンモニアの"触媒活性種の固有の触媒能"の方がアセテートイオンの値よりも1000倍大きければ，アンモニアの方がより効率的になる（1000×0.01 > 1×1.0）. もちろん，"触媒活性種の固有の触媒能"の差はブレンステッド・プロットにおける直線の傾きによって決まり，これは反応の種類に依存する（上の場合は，それぞれ，傾きが1/4ならびに3/4である場合に相当する）*. つまり，pK_aが大きくなって"活性種の量"が減少した分を，"固有の触媒活性"の増加が十分に補償できるかどうかで"触媒効率の大小"が決まる. このように，所定のpHでの触媒活性を見積もって有効な触媒を選択するときには，"触媒活性種の固有の触媒能"と"そのpHにおける触媒活性種の量"の両者を十分に考慮する必要がある.

演 習 問 題

[1] ある反応の反応速度は，温度が10℃上がると2倍になるという. この反応の活性化エンタルピーはいくらか？

[2] 触媒を使わずにある反応を行ったところ，活性化エンタルピーは19 kcal mol^{-1}であった. そこで触媒を使ったところ，活性化エンタルピーが12 kcal mol^{-1}に減少した. 反応を25℃で行うとして，反応速度は何倍になったのか？ ただし，活性化エントロピーは，触媒の有無に関係なく一定であるものとする.

---

* $10^{(9-5)\times\frac{1}{4}} = 10$; $10^{(9-5)\times\frac{3}{4}} = 1000$

[3] ある反応は一般塩基触媒作用を受け，ブレンステッド・プロットの傾きは 0.5 であった．反応を pH 7 で行うとき，イミダゾールとアンモニアでは，どちらが触媒効率が高いか（両者の濃度が同じときに，どちらの方が反応が速く進むか）？　また，もし反応を pH 9 で行うとしたらどうか？　ただし，イミダゾリウムイオンおよびアンモニウムイオンの pK_a は，それぞれ 7, 9 であるとする．

第7章 酵素の構造と機能

さて，化学反応の速度と触媒作用に関する予備知識が入って準備が整ったので，いよいよ酵素の驚異的に優れた特質（高活性と高選択性）を生み出す原因について，これからの2章で学ぶことにする．まず本章では，酵素全般に共通で一般的な事項を概説する．また次章では，代表的な酵素としてα-キモトリプシンを取り上げ，その構造や触媒機構などをより詳細に学び，分子レベルでの理解をさらに深めよう．

7.1 酵素の種類

世の中に存在する酵素の数はまさに無限であろうが，これらは，触媒する反応の種類により6種類に分類される（表7.1）．酸化還元酵素（オキシドレダクターゼ），加水分解酵素（ヒドロラーゼ），異性化酵素（イソメラーゼ），合成酵素（リガーゼ）の機能は，それぞれの名称が示すとおりである．転移酵素（トランスフェラーゼ）は，メチル基，ヒドロキシメチル基，ホルミル基，アシル基，グリコシル基などを目的の場所に転移する．一方，除去付加酵素（リアーゼ）は，特定の官能基を脱離することにより二重結合を生成する酵素である（逆反応が付加である）．いずれの酵素も，通常では容易に起こらないような反応を，生理条件で迅速に進める．酵素なしの場合に比べて一兆倍以上も反応を速めるものも少なくない．選択性は，ほぼ100％である．また，化学環境の変化に応じて触媒活性を合目的的に変化する．まさに，化学者にとって"夢の触媒"であり，生物有機化学が誕生したのもこれに対する憧れが源であった．

表7.1 酵素の種類

酵素の種類	代表的な例
酸化還元酵素	アルコールデヒドロゲナーゼ，ペルオキシダーゼ
転移酵素	ホスホトランスフェラーゼ，アミノトランスフェラーゼ
加水分解酵素	ペプチダーゼ，ホスファターゼ，グリコシダーゼ
除去付加酵素	デカルボキシラーゼ，デヒドラターゼ，デアミナーゼ
異性化酵素	ラセマーゼ，エピメラーゼ，シス・トランスイソメラーゼ
合成酵素	アシルCoAシンテターゼ，パントテン酸シンテターゼ

7.2 酵素の構造

　酵素は，一般に数百から数千のアミノ酸からできたタンパク質である．多くのものは水溶性で細胞質の中で働くが，細胞膜に取り込まれてそこで活躍するものも少なくない．DNAの上に記載された一次構造に基づいて生合成されたポリペプチドが，自発的に高次構造を形成し，優れた生体触媒として働く．もちろん，第2章で学んだように，この中にはα-ヘリックスやβ-シート構造が随所に含まれ，複雑な立体構造を形成している．また，必要に応じて，補因子（第9章）を含むものも多い．ただし，全ての酵素が触媒活性を持つ形で産生されてくるわけではない．不活性な前駆体ポリペプチドとしてまず生合成され，そのあとで種々の化学修飾（部分的切断，リン酸化など）を受けて初めて活性を発現するものも多い．

　酵素の特異性は，基質特異性と生成物特異性に大別される．反応系の中に存在する数多くの反応原料（基質）の中から特定のもの（特異的基質）を選び出し，これだけを迅速に化学変換するのが基質特異性である．一方，数多くの生成物ができてくる可能性があるときに，特定のもののみを生成する選択性が生成物特異性である．

7.3 ミカエリス・メンテン型反応 −酵素反応の速度論的な特徴−

　一般の触媒反応では，反応溶液内で，反応原料と触媒はランダムに，また互いに自由に動き回っている．触媒作用が起こる際には，まず両者が衝突する．

7.3 ミカエリス・メンテン型反応 －酵素反応の速度論的な特徴－

　もちろん，この衝突は瞬間的なもので，また格別な規則性はない．衝突の結果，反応の活性化自由エネルギーの山を越えるのに十分なエネルギーを獲得すれば，反応原料は生成物へと変換される．もし反応を起こすのに十分なエネルギーが得られなければ，反応原料と触媒はすぐに離れて，再び互いに独立な分子運動を開始する．このような衝突型の反応の場合，反応速度（基質の減少速度，あるいは生成物の生成速度）は，当然，衝突の確率に依存するので，基質の濃度に比例して増大する（図7.1の太い破線）．

　それに対して，酵素（E：enzyme）を触媒とする反応は，このような衝突型ではない．すなわち，最初にまず基質（S：substrate）と酵素とが熱力学的に安定な複合体（ES複合体）を形成する．そして，反応（結合の組換え）はこの複合体の中で進行する（7.1式：k_1, k_{-1}, k_{cat} は，それぞれ対応する反応の速度定数である）．このように，結合組換え以前に基質と触媒との複合体が形成される反応をミカエリス・メンテン型反応（Michaelis-Menten type reaction）と呼ぶ．後でも述べるとおり，この複合体の形成が酵素反応の大きな特徴であり，"酵素の秘密"に深く関わっている．

$$S + E \underset{k_{-1}}{\overset{k_1}{\rightleftarrows}} ES \overset{k_{cat}}{\longrightarrow} P + E \tag{7.1}$$

　さて，酵素は，通常，基質が酵素に対して大過剰に存在する条件で使用され

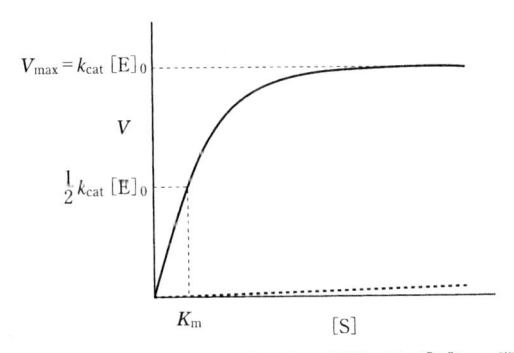

図7.1　酵素反応における反応速度と基質濃度（[S]）の関係
　　　　通常の衝突型反応の場合を太い破線で示す．

る．この条件（$[S] \gg [E]_0$）で，反応速度 $V(= k_{\text{obs}}[S])$ と基質濃度（$[S]$）との関係を求めてみよう．k_{obs} は，反応の一次速度定数である．ここで，「ES複合体の濃度は小さいので，その濃度変化はさらに小さく無視できる」という近似（定常状態近似）を用いる（複合体の濃度自体がゼロであると仮定するのではないことに注意すること）．この近似を (7.1) 式に適用すれば，ES複合体の生成速度と消滅速度は等しいので

$$k_1[S][E] = k_{-1}[ES] + k_{\text{cat}}[ES] \tag{7.2}$$

であり，これと，$[E] + [ES] = [E]_0$ より

$$[ES] = \frac{[E]_0[S]}{[S] + K_{\text{m}}} \tag{7.3}$$

を得る．ここで

$$K_{\text{m}} = \frac{k_{-1} + k_{\text{cat}}}{k_1}$$

はミカエリス・メンテン定数と呼ばれ，濃度のディメンジョンを持つ．

　酵素反応の速度は，酵素なしの反応に比べて圧倒的に速い．したがって，反応速度は ES 複合体の濃度（$[ES]$）に比例すると見なせるので，

$$\begin{aligned} V = k_{\text{obs}}[S] &= k_{\text{cat}}[ES] \\ &= k_{\text{cat}}[E]_0 \times \frac{[S]}{[S] + K_{\text{m}}} \end{aligned} \tag{7.4}$$

となる．そこで，反応速度（$V = k_{\text{obs}}[S]$）を $[S]$ に対してプロットすると，反応速度 V は $[S]$ に比例して増加するわけではなく，図 7.1 の実線のようにしだいに飽和する曲線を与える（衝突型反応に対する太い破線と比較せよ）．このような飽和曲線は，酵素反応を含めて一連のミカエリス・メンテン型反応の特徴である．

　この飽和曲線の物理化学的な意味を考えてみよう．(7.4) 式の第 1 項（$k_{\text{cat}}[E]_0$）は，酵素が基質で完全に飽和された（すべての酵素が ES 複合体を形成した）ときの反応速度である．一方，第 2 項（$[S]/([S] + K_{\text{m}})$）は，酵素の中のどれだけの割合が基質と複合体を形成しているかを表している．基質濃度

が小さいときには，ほとんど全ての酵素が空家状態であるので，基質濃度の増加とともに ES 複合体の濃度はどんどん増加する（第 2 項が大きくなる）．それに伴って，反応速度も当然大きくなる．しかし，基質濃度がある程度まで大きくなると，酵素の中の相当量が基質と複合体をすでに形成しており，そのために空家が少ない．したがって，基質の濃度を増しても，ES 複合体の濃度はそれほどには増えない．基質濃度がさらに大きくなって全ての酵素が基質と複合体を形成してしまえば，あとは，いくら基質濃度を増やしても ES 複合体の濃度は増えず，反応性のない遊離の基質の量が増えるだけである．これが，図 7.1 で反応速度が完全に飽和した状態であり，このときの反応速度は $k_\mathrm{cat}[E]_0$ である．

反応速度が，この最大値のちょうど半分になるのは，$[S] = K_\mathrm{m}$ のときである（このとき，(7.4) 式の第 2 項は，ちょうど 1/2 となる）．K_m の値は，基質・酵素複合体の安定性を反映している．もし K_m が小さければ基質・酵素複合体は十分に安定であり，基質を少し加えただけで全ての酵素が基質で飽和される（当然のこととして反応速度も飽和する）．一方，K_m が大きいときには複合体は不安定であり，基質濃度を大きくしてもなかなか飽和に達しない．このように，複合体の安定性と K_m の大きさとは，逆比例の関係であることに注意してほしい．

7.4 酵素パラメーターの実験的な決定法

(7.4) 式を用いると，基質濃度 $[S]$ を変えながら反応速度 V を測定することにより，k_cat と K_m を実験的に決定することができる．もちろん，コンピューターを使って，実験点を理論曲線にフィットさせるのも一つの方法ではある．しかし，科学の実験では，なるべく直線関係が得られるように工夫し，その傾きや切片の大きさから必要なパラメーターを決定するのが一般的である．そこで，(7.4) 式の両辺の逆数を取ると，

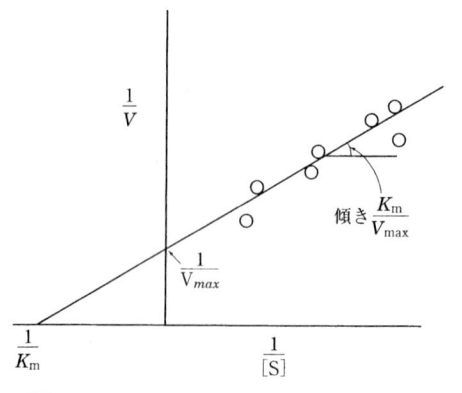

図7.2 Lineweaver-Burk プロットによる酵素パラメーターの決定

$$\frac{1}{V} = \frac{K_m}{k_{cat}[E]_0}[S] + \frac{1}{k_{cat}[E]_0}$$
$$= \frac{K_m}{V_{max}}[S] + \frac{1}{V_{max}} \tag{7.5}$$

と変形される．そこで，図7.2のように，$1/V$ を $1/[S]$ に対してプロットすると直線関係が得られる．ここで，「直線関係であることが決まっている」ので，実験点のフィットが非常に容易になるわけである．この直線の傾きと切片から，V_{max}（すなわち k_{cat}）と K_m の値が決定される．この方法をLineweaver-Burk プロットといい，酵素反応の解析で最も広く用いられる手法である．

7.5 酵素反応は，なぜミカエリス・メンテン型である必要があるのか？

　酵素の特徴は，高い触媒活性と高い選択性である．それでは，酵素反応がもしミカエリス・メンテン型をとらずに単純な衝突型の反応であったとしたら，このような高機能を実現することができるだろうか？　以下に考察するように，とても無理である．

　まず基質選択性を考えてみよう．衝突型の反応では，系の中に存在する多く

の基質のうちのどれが反応するか（生成物を与えるか，あるいは原系に戻るか）を決めるのは，それぞれの反応原料と触媒とが持っていた自由エネルギーの大きさと，両者の衝突の仕方である．構造が似ている基質であれば，自由エネルギーは類似であり，また衝突の仕方にもそれほど差はないはずである．触媒の側から見ても，相手分子がどのようなものであるかを十分に判断するいとまもなしに，ただやみくもに反応を起こさせることになる．このような反応系では，例えば，基質の特定の箇所にメチル基があろうがなかろうが，反応速度にそれほど違いが出るはずがない．つまり，酵素反応に要請される高い基質選択性などとても実現できないのだ．

　それに対して，ミカエリス・メンテン型反応では，ES複合体を形成する段階は平衡過程である．この段階で酵素は，落ち着いて相手の人相や性格を見極めて十分に選択する．つまり，相手が特異的基質であれば，手を差しのべてこれと相互作用し，熱力学的に安定な複合体を形成する．しかし，基質が特異的基質と似てはいても非なるものであれば，ES複合体は不安定なものになる．こうして，特異的基質以外の基質の多くは，この段階でまず排除される．しかも，引き続いて起こる結合組換えも，特異的基質に対してのみ有効に機能するようにできている．こうして，複合体形成と結合組換えの2段階で厳密な識別を受ける結果，酵素反応は高度に選択的となる．

　一方，酵素の高活性にもES複合体の形成が重大な寄与をしている．つまり，ES複合体の中では，触媒官能基が反応点の近傍に正確に配置されている．第9章で学ぶように，分子内触媒作用は，通常の衝突型の触媒作用では予想もできないほど効率が高い．特異的基質と酵素との複合体では，この効果が極限的に大きくなり，そのために驚異的に優れた触媒能が実現する．さらに，酵素の触媒活性点には複数の触媒官能基が配置され，これらが協同的な触媒作用をする．ここで，酵素の高次構造の中で複数の触媒官能基が正確な分子配向で固定されていることが，効率的な協同触媒作用には必須であることに注意してほしい．これは，衝突型反応の場合と比較して考えると理解しやすい．もし複数の官能基が互いに自由に動き回っているとすると，これらの官能基全ての

動きを止めて協同触媒作用の可能な相対配置をとらせることは容易でない．大きなエントロピー・ロスを伴い，そのために，触媒効果が著しく低下してしまう（詳細は第11章を参照のこと）．もちろん，これらの酵素反応に特有の因子は，特定の生成物を生成する反応プロセスに対してのみ有効に機能するので，単一の生成物が生じる（生成物特異性）．このように，酵素がミカエリス・メンテン型反応を採用したのは決して偶然ではなく，高活性と高選択性を実現するための必然の選択であったのだ．

7.6 酵素の機能発現に必須な構成要素は？

酵素は数多くのアミノ酸で構成されているが，これらの全てが触媒機能に直接に関与しているわけではない．むしろ，機能的に必須な部位は

(A) 基質結合部位

(B) 触媒活性部位（触媒官能基群）

の2つだけである．酵素は基質結合部位で基質を捕まえ，また触媒活性部位で化学変換を引き起こす．その他のアミノ酸残基はタンパク質全体の形を整備し，これら2つの部位が有効に機能するように形と位置を正確に固定している．また，反応がスムースに進むように周辺の化学環境をコントロールするのも重要な任務である．

(A) 基質結合部位

酵素は，基質を捕まえるためのポケット（あるいは溝）を用意しており，ここに特異的基質を選択的に結合する．このポケットの内部は疎水的な環境にあり，疎水性相互作用により基質を結合する．つまり，このポケットの内壁は水と接触しているのがいやで，何とかしてこれを避けたいと思っている．また基質の疎水性の部分も，水との接触を嫌っている．そこで，二人で相談して出した結論が，両者で結合することにより全体として水との接触をできる限り避け，その結果として二人とも幸せになろうというものであったわけだ．

ただし，疎水性相互作用は水から逃避する性質だけを反映しているので，これだけでは特異的基質を高度に選択的に選び出すことができない．そこで，ポ

ケットの内部には，種々のアミノ酸残基が適切に配置されていて，特異的基質と複数の点で相互作用するようになっている（これを多点分子認識という）．例えば，特異的基質の正の電荷を結合するために，負の電荷を持つアスパラギン酸の側鎖を配置し，また，基質のヒドロキシ基と水素結合させるためにペプチドの主鎖のカルボニル基を配置するといった具合である．このように，酵素の基質結合部位は特異的基質に対して相補的な化学的諸特性を持ち，そのために特異的基質を選択的に結合することができる．7.5節でも述べたとおり，酵素が高い基質特異性（ならびに生成物特異性）を示す第一の要因は，基質・酵素複合体を形成する段階での選択性である．

　これまでは，酵素の基質結合部位は相当に硬い構造をしており，それにぴったりとフィットするように基質が結合するものとしてきた．ただし，全ての酵素が，このように硬い構造をしているわけではない．酵素によってはもう少し柔軟な構造をしていて，基質が来ると，その構造にフィットするように自らの構造を変えるものもある．このように，酵素が基質構造に順応する形で構造変化し，基質を迎え入れることを誘導合致（induced fit）という．

（B）触媒活性部位（触媒官能基群）

　こうして基質結合部位に特異的基質が結合すると，特異的基質の反応点の近傍に触媒官能基が正確に固定される（**分子配向制御**）．また，触媒作用をするのは通常1つの官能基ではなく，複数の触媒官能基が巧みに配置されていて協同的に作用するようになっている（**協同触媒作用**）．さらに，反応点の周囲は，その反応に有利なように化学環境が整備されている（**反応場制御**）．例えば，疎水的な溶媒の中で効率的に進むような反応であれば疎水性の反応場を用意し，負電荷を持つ遷移状態を含む反応であれば近傍にカチオンを配置する．これらの3要素が有効に働くために，酵素は通常の触媒よりも圧倒的に高活性となる．

　酵素が持っている触媒官能基は，いずれも酸触媒や塩基触媒として特に優秀とは決していえない（触媒効果の大きさとpK_aとの関係は，6.5節に記載されている）．しかし，酵素はこれらの官能基を適切に配置し，必要に応じてグ

ループを組ませて互いに協力させ，また働きやすい環境を与えることにより，その潜在能力を十二分に発揮させているのである．

　重要なことは，触媒作用を効率化している3大要因のいずれもが，特異的基質に対してのみ非常に有効に働くということである．つまり，特異的基質の結合組換えの速度は，これ以外の基質が反応する速度よりも格段に大きい．そのために，たとえ基質結合段階で特異的基質と似た構造を持つものが誤って結合されたとしても，次の化学変化の効率が低いために反応が効率的には進まない．こうして，酵素の高い選択性が堅持される．

演 習 問 題

［1］酵素反応で，[S]がK_mの1/2および2倍のとき，反応速度は$k_{cat}[E]_0$の何倍になるか？

［2］本章で学んだことより，酵素のように高い触媒活性と選択性を持つ人工触媒（人工酵素）を設計するにはどのようにしたらよいかを推定せよ．

第8章　代表的な酵素（α-キモトリプシン）の作用機構

　本章で扱う α-キモトリプシンはすい臓で作られる消化酵素で，タンパク質を基質として，そのアミド結合を加水分解して2つの断片に分解する役割をになう．数多くの酵素の中でも最もよく研究され，また作用機構などの詳細が明らかにされている酵素の一つである．この酵素を一つの例として，酵素が高活性でしかも高選択性である理由を分子レベルで理解してもらいたい．

8.1　全体構造

　α-キモトリプシンは3本のポリペプチド鎖からできている．アミノ酸残基の数は全部で241個で，分子量は約25000である．身体の中ではまず，245個のアミノ酸でできた1本のポリペプチド（酵素前駆体：チモーゲンzymogen）として生合成される．ただし，このままでは酵素活性はなく，生体内で化学変換を受けて初めて活性を発現する．まず，別の酵素（トリプシン）により1箇所で切断され，2本のポリペプチド鎖に分かれる*．さらに，自らの触媒作用でもう1箇所で切断するとともに，計4個のアミノ酸を除去し，結局，3本のポリペプチドで構成される成熟酵素（活性体）となる．酵素全体としては，50 Å × 40 Å × 40 Å のディメンジョンを持ち，ほぼ球形をしている（図8.1）．一般的に，ポリペプチドが高次構造を作る際には，親水性の官能基はなるべく表面に出て水と接触しようとするし，疎水性の官能基は内部に入り込んで水から遮蔽されようとする．この酵素でも，多くのアミノ酸側鎖はこの原則に従って配置されている．しかし，ポリペプチドの一次構造から

---

　*　トリプシンによるキモトリプシンの前駆体の切断は，Arg 15 の C 端側で起こる．8.6節に記載するように，トリプシンは正の電荷を持つ側鎖の隣を選択的に切断する．

第8章　代表的な酵素（α-キモトリプシン）の作用機構

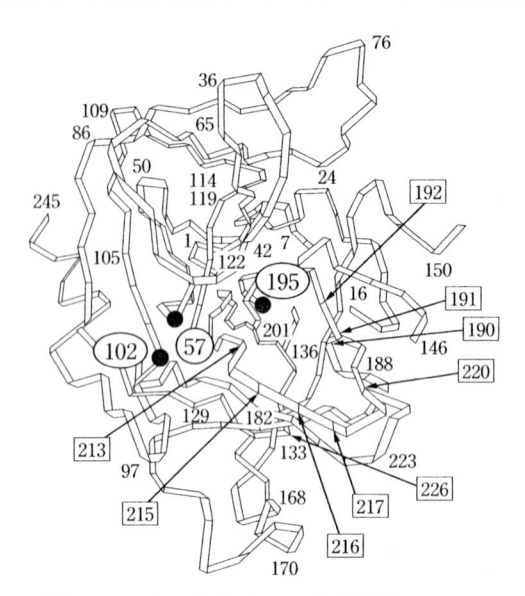

図 8.1　α-キモトリプシンの全体構造
黒丸で示した 57，102，195 の 3 つが触媒官能基であり，四角で囲んだ残基が基質結合部位を形成する．

の要請で，全てのアミノ酸残基がこの要求を満たすことはできず，そのために特色ある諸特性を示す（第 2 章）．この酵素では特に，"疎水環境に置かれたカルボキシラート"が酵素機能の一つの主役となる．

8.2　特異性

　この酵素はタンパク質を加水分解するが，アミド結合ならどれでも同じように加水分解するというわけではない．もっと選り好みが激しいのだ．すなわち，基質タンパク質の中でも，トリプトファンやフェニルアラニンのように疎水性でかさ高い側鎖（それぞれインドール環，ベンゼン環）を持つアミノ酸残基を選び，これらの残基の隣（C 端側）のアミド結合を選択的に切断する．

　この基質特異性を，小さな基質を使ってより詳細に検討してみよう．表 8.1 に，一連の N-アセチルアミノ酸のメチル（またはエチル）エステルの加水分

表8.1 α-キモトリプシンによる N-アセチル-L-アミノ酸
メチルエステルの加水分解の酵素パラメーター

基質	$k_{cat}(s^{-1})$	$K_m(mmol/L)$
トリプトファン（エチルエステル）	49	0.12
フェニルアラニン	53	1.3
アラニン	1.3	740
グリシン（エチルエステル）	0.038	390

解に対する酵素パラメーターを示す（この酵素は，アミドだけでなくエステルの加水分解も触媒し，これら2つの反応の機構はほぼ同一である）．これらのパラメーターは，前章の (7.5) 式の Lineweaver–Burk プロットを用いて決定したものである．まずミカエリス・メンテン定数 K_m の値は，トリプトファンやフェニルアラニンのように，側鎖がかさ高いアミノ酸では小さい（酵素との結合は強い）．しかし，側鎖が小さくなるにつれて K_m は次第に大きくなる．例えば，トリプトファン誘導体はグリシン誘導体よりも 3000 倍以上も強く結合され，またフェニルアラニン誘導体に対する結合はアラニン誘導体に対する結合よりも 500 倍以上も強い．すなわち，α-キモトリプシンが，基質の中のかさ高い側鎖を選んで強く結合することが定量的に確認されたことになる．

一方，基質・酵素複合体の中で起こる結合組換えの速度定数 k_{cat}（7.1式参照）も顕著な基質依存性を示し，トリプトファンやフェニルアラニンの誘導体の場合に特に大きな値となる．例えば，トリプトファン誘導体の k_{cat} は，対応するグリシン誘導体の値よりも 1000 倍以上も大きい．すなわち，この酵素は，トリプトファンやフェニルアラニンの誘導体を好んで強く結合するだけでなく，結合組換えを起こす際にもこれらの基質の加水分解を優先する．これに対して，小さな側鎖を持つアミノ酸の誘導体の場合には，酵素に対する結合が弱いだけでなく，結合組換えもうまく進まない．そのために，これらの基質が間違って基質結合部位に結合したとしても，反応があまり進まないから，結局は大勢に影響を与えない．こうして，基質結合，結合組換えの両方のステップで厳密に基質を認識する結果，酵素反応は高度に特異的なものとなる．

8.3 基質結合部位と触媒官能基群

さて，表8.1の速度論的解析により，酵素の特異性が，基質結合と結合組換えの両方のステップで発現することが明らかとなった．そこで，これらの特異性のルーツを，分子レベルでさらに詳細に見てみよう．この酵素の基質結合部位は，図8.1の中央から右下にかけて存在している（四角で囲んだアミノ酸残基で構成されるので，これらを順に追ってポケットの位置と大きさを確認してほしい）．このポケットは，疎水性の官能基やポリペプチドの主鎖で囲まれており，内部は相当に疎水的である．また，大きさも，インドール環やベンゼン環がちょうど入るサイズである．そのために，基質タンパク質の側鎖のうちで，インドール環やベンゼン環が選択的に結合される．すなわち，酵素による基質結合の主要な原動力は疎水性相互作用である．

一方，触媒作用に直接に関与しているのは，Ser 195 のヒドロキシ基，His 57 のイミダゾール，ならびに Asp 102 のカルボキシラートの3つである（図中では，対応するアミノ酸残基の α 炭素の位置を黒丸で示してある）．以下で詳しく述べるように，酵素の活性点ではこれら3つの官能基は互いに水素結合しており，この水素結合の連鎖を通してヒドロキシ基からカルボキシラートへプロトンを移動する．これと同時に，カルボキシラートに局在していた負電荷がプロトンと逆の方向に移動され，ヒドロキシ基の求核性が高められる．このヒドロキシ基→イミダゾール→カルボキシラート系の水素結合連鎖は電荷伝達系（charge-relay system）と呼ばれ，この酵素が触媒作用を効率的に行うのに必須である．

図8.2に，特異的基質と似た構造をした N-ホルミルトリプトファンが，α-キモトリプシンの基質結合ポケットに結合した様子を示す*．特異的基質のインドール環が基質結合ポケットにぴったりと結合しているのがよくわかるだろ

---

* ここで，特異的基質そのものを用いたのでは，酵素との複合体の結晶を作製する間に，基質が酵素により分解されてしまう．そこで，基質との複合体の結晶を作る際には，特異的基質の代わりに，これと構造がなるべく似ていて，しかも酵素反応を受けない分子を用いる．

8.3 基質結合部位と触媒官能基群　　　　　　　　　　　　　　　75

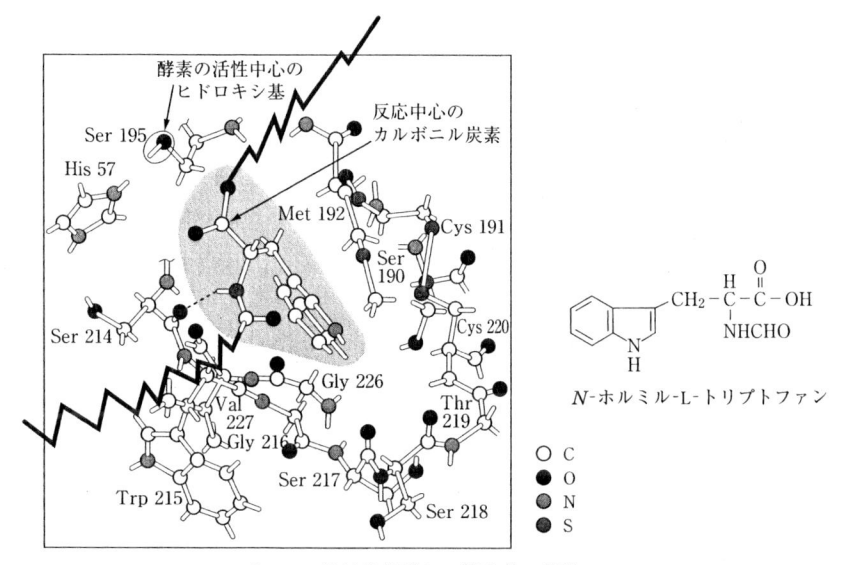

図 8.2 α-キモトリプシンと特異的基質との複合体の構造
通常のタンパク基質の場合にはペプチド鎖が太線のように両側に伸びる．

う．さらに，N-ホルミルトリプトファンのホルミル基の －NH が，酵素の主鎖の Ser 214（カルボニル酸素）と水素結合している（左に伸びた破線）．このアミノ酸誘導体の結晶解析の結果から類推すると，基質タンパク質の中のトリプトファン残基が酵素に結合した場合には，図の太いジグザグ線のようにペプチド鎖が両側に伸びているはずである．また，この場合には，切断されるアミド結合の N 端側のアミド結合が Ser 214 のカルボニル酸素と水素結合することになる．

さて，図 8.2 で重要なことは，N-ホルミルトリプトファンのカルボキシ基（本来のタンパク質基質の中の加水分解されるアミド結合のカルボニル基）のそばに，α-キモトリプシンの Ser 195 のヒドロキシ基（求核中心）が正確に配置されていることである．酵素によるペプチド切断では，このカルボニル炭素（矢印）が親電子中心であり，ここのアミド結合が加水分解される．また，Ser 195 のヒドロキシ基は His 57 のイミダゾールと水素結合しており，このイ

ミダゾールはさらに Asp 102 のカルボキシラートと水素結合して電荷伝達系を形成している（後者の水素結合は，図では見えていない）．

さて，ここまでの内容を簡潔にまとめると次のようになる．α-キモトリプシンは大きな疎水性ポケットを用意しており，基質タンパク質の中でかさ高い側鎖を選んでこのポケットに結合する．その結果，かさ高い側鎖を持つアミノ酸残基の C 端側のアミド結合（親電子中心はカルボニル炭素）が，触媒官能基群のそばに正確に配置される．そのために，このアミド結合が効率的に切断される．それに対して，立体的に小さなアミノ酸側鎖は，基質結合ポケットに入ってもスカスカで，疎水性相互作用が十分に働かず，ポケットに効果的に結合しない．したがって，これらのアミノ酸側鎖のそばに触媒官能基群がくることはまれで，これらのアミド結合はほとんど切断されない．また，仮に基質結合部位に結合したとしても，基質の反応中心は触媒官能基群のそばに正確に配置されない．そこで，結合組換えも非効率的なものとなる．こうして，α-キモトリプシンの優れた基質特異性が発現する．

8.4 触媒機構

図 8.2 で明らかなように，基質・酵素複合体の中では Ser 195 のヒドロキシ基（求核中心）とカルボニル炭素（親電子中心）は，互いに近くて反応に非常に好都合な位置に置かれている．しかし，Ser 195 のヒドロキシ基そのものでは，求核性があまり高くないために，このように親電子中心がそばにあるだけでは，求核攻撃は十分に進まない．そこで，His 57 のイミダゾールが一般塩基触媒として活躍して Ser 195 のヒドロキシ基からプロトンを引き抜き，その酸素原子の求核性を高める（一般塩基触媒作用については 6.4.1 項ですでに学んだ）．酵素の中では Ser 195 のヒドロキシ基と His 57 のイミダゾールとはもともと水素結合しているので，触媒作用に必要なプロトン移動は極めてスムースに進む．

さて，これで一件落着かと思いきや，さらにもう一つの問題が生じる．それは，His 57 のイミダゾールがプロトンを引き抜くと，それに伴ってこのイミ

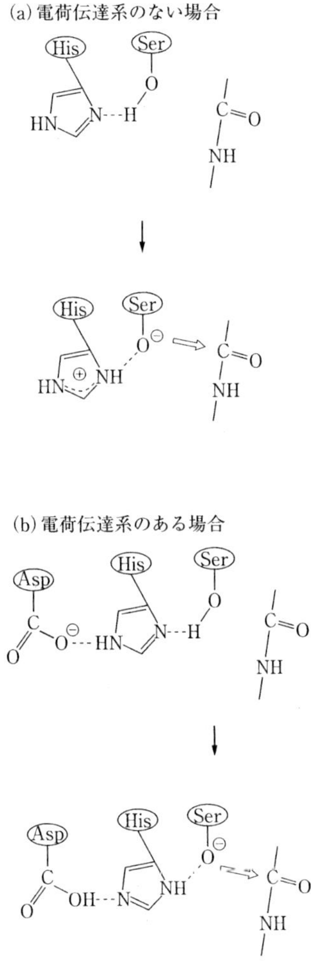

8.4 触媒機構

(a) 電荷伝達系のない場合

(b) 電荷伝達系のある場合

図8.3 α-キモトリプシンによるアミド加水分解における電荷伝達系の役割

ダゾールが正の電荷を帯びることである（図8.3a）．すると，活性化されて負に帯電したヒドロキシ基との間に静電相互作用が働き，そのために，ヒドロキシ基の活性化状態が不安定化されてしまう．これは触媒作用にとって大いに不利である．この問題を解決するために酵素が考案した巧みな戦略が電荷伝達系である．つまり，His 57 のイミダゾールが一般塩基触媒として Ser 195 のヒドロキシ基からプロトンを引き抜くのに伴って，His 57 のイミダゾールから

Asp 102 のカルボキシラートへと別のプロトンを移動するのである（図 8.3 b）．すると，His 57 のイミダゾールは電気的な中性を終始保たれるので不要な静電相互作用が働かず，システム全体が円滑に機能する．もしヒドロキシ基，イミダゾール，カルボキシラートの 3 者が自由に動き回っていたとすれば，このような複雑なプロトン移動はとても起こりえないだろう．それに対して，α-キモトリプシンでは 3 つのアミノ酸側鎖はその高次構造の中で正確な位置に固定され，互いに水素結合している．そのために，電荷伝達系のような複雑なプロトン移動システムでも効果的に機能できる．

実は，Asp 102 のカルボキシラートは，タンパク質構造により外部の水から遮断された疎水性環境に置かれており，"埋もれたカルボキシラート（buried carboxylate）" と呼ばれている．このように特殊な化学環境にあるために，親水性の雰囲気にあるカルボキシラートに比べて塩基性が非常に高くなっており[*]，カルボキシラートによるイミダゾールからのプロトン引き抜きが有効に働く．

8.5 アシル化と脱アシル化

基質タンパク質の加水分解は，アシル化と脱アシル化の 2 つのステップで進行する（図 8.4）．アシル化段階（a）は前項で述べたとおりであり，Ser 195 のヒドロキシ基による求核攻撃の結果，切断されるアミド結合のアミノ基側の部分が脱離する．同時に，基質のアシル部分は，Ser 195 のヒドロキシ基とエステルを形成して酵素に結合する（この反応中間体をアシル化酵素という）．これで，基質タンパク質は，2 つの部分に分解されたわけである．

ただし，このままでは，酵素と基質が 1：1 のモル比で反応しただけであり，触媒反応ではない．そこで，脱アシル化段階（b）では，アシル化酵素を加水分解する．ここでは，アシル化段階における Ser 195 のヒドロキシ基の代わり

---

[*] 疎水性環境では誘電率が水中よりも小さく，そのためにカルボキシラートとプロトンとの静電引力がより強く働く．

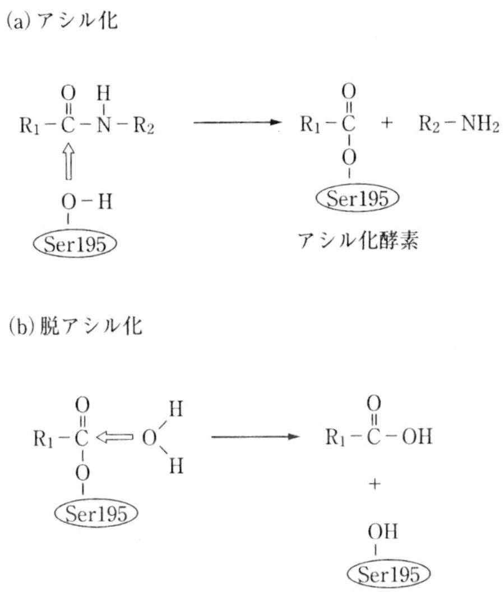

8.6 種々のセリンプロテアーゼと基質特異性

(a) アシル化

$$R_1-\overset{\overset{O}{\|}}{C}-\overset{\overset{H}{|}}{N}-R_2 \longrightarrow R_1-\overset{\overset{O}{\|}}{C}\overset{|}{\underset{O}{|}} + R_2-NH_2$$

Ser195 のO-Hが求核攻撃、Ser195がアシル化酵素に

(b) 脱アシル化

$$R_1-\overset{\overset{O}{\|}}{\underset{O}{C}} \Leftarrow O\overset{H}{\underset{H}{<}} \longrightarrow R_1-\overset{\overset{O}{\|}}{C}-OH + OH-\text{Ser195}$$

図8.4　α-キモトリプシンによるタンパク質加水分解の反応スキーム
（アシル化と脱アシル化）

を水分子のヒドロキシ基がつとめ，His 57 のイミダゾールと水素結合し，Asp 102 とともに新たに電荷伝達系を構成する．この電荷伝達系を通じてプロトン移動（ならびにそれに伴う電荷移動）が起こり，この水が活性化されて，アシル化酵素のエステル基のカルボニル炭素を求核攻撃する．その結果，アシル化酵素のエステル結合が加水分解され，ペプチド基質のアシル部分が水中に放出されると同時に酵素が再生される．こうした2段階の反応で，基質タンパク質の加水分解が完結する．

8.6 種々のセリンプロテアーゼと基質特異性

　α-キモトリプシンのように，活性中心がセリンのヒドロキシ基であり，電荷伝達系でこれを活性化してタンパク質を加水分解する一群の酵素はセリンプロテアーゼと呼ばれる．例えば，エラスターゼやトリプシンなどの消化酵素がこのグループに属する．実際に，どちらの酵素も電荷伝達系を持ち，その一次

構造も α-キモトリプシンと非常によく似ている（アミノ酸の約40％が同じである）。ところが，これらの酵素の基質特異性は全く異なる。すなわち，α-キモトリプシンがかさ高いアミノ酸側鎖の隣を選択的に切断するのに対し，エラスターゼはGlyのように小さな側鎖の隣を切断する。また，トリプシンは，正の電荷を持つ側鎖（LysやArg）の隣を切断する。

　重要なことは，これらの基質特異性が，基質結合部位の構造により決定されていることである。エラスターゼでは，α-キモトリプシンのGly 216がValに，またGly 226がThrに置換されている。つまり，Glyのα炭素上のH原子がそれぞれ $-CH(CH_3)_2$ および $-CH(OH)(CH_3)$ に変わっている。これらはいずれも基質結合ポケットの底の方に存在する（図8.2）ので，エラスターゼのポケットの底付近には，かさ高い側鎖が2個も突き出ている。そのためにエラスターゼのポケットは小さく，基質タンパク質の側鎖の中でかさ高いものは結合できず，小さなものだけを強く結合する。その結果，エラスターゼは，小さな側鎖のC端側を選択的に切断する（結合組換えの機構はα-キモトリプシンの場合と全く同じである）。一方，トリプシンでは，α-キモトリプシンの基質結合ポケットの入り口付近にあるSer 189がAspに置換されている。こうしてポケットの中に負の電荷が配置されたために，正電荷を持つ側鎖が静電相互作用で効率的に結合され，その隣が速やかに加水分解される。酵素の基質特異性が，基質結合部位の構造の違いに基づいて分子レベルで明快に解明された好例である。

アセチルコリンエステラーゼとサリン

　神経伝達に関与するアセチルコリンエステラーゼという酵素も，セリンプロテアーゼの一種である．電荷伝達系を持ち，これにより活性化されたセリン残基（ヒドロキシ基）が反応中心である．特異的基質はアセチルコリン($CH_3COOCH_2CH_2N(CH_3)_3^+$)であり，そのエステル結合を加水分解してアセテートイオンとコリンを生成する．アセチルコリンは，神経細胞の接合部（シナプス）で，ニューロンを伝わってきた電気信号に応じて放出され，次のニューロンに信号を伝達する役割を果たす．役目が終われば，放出されたアセチルコリンは邪魔になるので，これを分解して除去し，次の情報伝達の準備をする．この掃除役を担当するのがアセチルコリンエステラーゼである．

　サリンという毒ガスのことを聞いたことがあるだろう．実は，サリンはアセチルコリンエステラーゼを非可逆的に失活させ，神経伝達を阻害して人を死に至らしめてしまうのである．まずサリンがアセチルコリンエステラーゼに結合して，基質・酵素複合体を形成する．すると，酵素のセリン残基（ヒドロキシ基）が（不幸にも！）電荷伝達系で活性化されているために，サリンのリン原子を求核攻撃してしまう．その結果，F^- が脱離し，サリンの残りの部分が酵素に結合し，リン酸エステルを形成する（アシル化酵素の類似物：図8.4を参照のこと）．

　さて，アセチルコリンが基質である場合には，生成するアシル化酵素は，脱アシル化過程で，電荷伝達系により活性化された水により速やかに加水分解される．こうして酵素が再生されるために，基質の酵素分解がうまく進むのだ．しかし，サリンから生成する酵素のリン酸化物は安定で，容易には加水分解されず，半永久的に残ってしまう．こうして，サリンは，アセチルコリンエステラーゼを失活させる．そのために，シナプスにおけるアセチルコリンの除去ができなくなり，正常な神経伝達ができなくなってしまうわけである．

　サリンほどには猛毒ではないものの，有機リン系の化合物の中には，似たような生理作用をするものも少なくない．これらを取り扱うときには十分に気をつけてほしい．

$$CH_3-\underset{\underset{OCH(CH_3)_2}{|}}{\overset{\overset{O}{\|}}{P}}-F$$

サリン

演 習 問 題

［1］ pH を変えながら，α-キモトリプシンの k_{cat} を測定した．こうして求めた k_{cat} の対数を pH に対してプロットすると，どのような曲線が得られるだろうか？ ただし，この酵素反応の速度は，His 57 のイオン化（イミダゾールが触媒活性な非プロトン化状態でいるかどうか）だけで支配される．

［2］ α-キモトリプシンによるエステル加水分解のスキームを図示せよ．

［3］ α-キモトリプシンは，ジイソプロピルフルオロリン酸

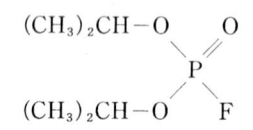

$$\begin{array}{c} (CH_3)_2CH-O \diagdown \quad O \\ P \\ (CH_3)_2CH-O \diagup \quad F \end{array}$$

を作用すると不可逆的に失活する．サリンによるアセチルコリンエステラーゼの失活を参考に，その機構を推定せよ．

第9章 補 酵 素

　これまでに述べてきたように，酵素の触媒作用の中核を担うのは，基本的にはアミノ酸残基の側鎖である．しかしながら，カルボキシ基やアミノ基に代表されるように，これらは強力な塩基でも酸でもない．したがって，それぞれの固有の触媒能力は決して高くはない．それでも酵素は，これらを最適な位置に正確に配置し，互いに協同的に作用させ，さらには最適な化学環境を提供し，システム全体として驚異的な触媒能を実現している．いわば，生まれながらの天才というよりも，むしろ，地道な努力で栄光をつかんだスーパースターである．しかしながら，こうした酵素のけなげな努力にも限界があるようで，自分の力だけではどうしようもない反応もある（例えば，アミノ酸側鎖には可逆的な酸化還元能を持つものが少ないので，酸化還元反応などの触媒にはなりにくい）．

9.1 補因子の役割 －補酵素と金属イオン－

　このように，酵素自身の触媒官能基では容易に目的が実現できない場合でも，生体が生きていくためには，何が何でもその反応を生理条件で迅速に進行させなければならない．こうした難局を乗り切るために，生体は助っ人（補因子）を頼み，これと力を合わせて目的を遂行する．ここで用いられる補因子は，(1) 補酵素（有機系の小分子）と (2) 金属イオンの2種に大別される．当然のことながら，いずれも生体にとって必須であり，どちらが不足しても体に変調をきたす．実は，私たちが食事で摂取するビタミンの多くは補酵素の前駆体なのだ（表9.1）．私どもに特になじみが深いビタミン B_1 と B_2 の構造を表の下に示しておく．ただし，ビタミンがそのままの形で生体反応に関与することはまれで，体内で化学変化を受けて補酵素に変わり，担当する生化学反応

第9章 補酵素

表9.1 各種の補酵素と対応するビタミン

補酵素	ビタミン	反応
チアミン二リン酸	ビタミン B_1	アルデヒド転移
リポアミド	リポ酸	アシル転移
補酵素A	パントテン酸	アシル転移
ビオシチン	ビオチン	カルボキシ化
テトラヒドロ葉酸	葉酸	C1基転移
コバミド補酵素	ビタミン B_{12}	アルキル化
ニコチンアミドアデニンジヌクレオチド	ニコチンアミド	酸化還元
リボフラビン	ビタミン B_2	酸化還元
アスコルビン酸	ビタミンC	ヒドロキシ化

ビタミン B_1

ビタミン B_2

の触媒となって生体の維持に寄与する．したがって，ビタミンが欠乏するとこれらの反応が十分に進まなくなり，その結果として身体の調子が悪くなるわけである．また，各種の金属イオンも，必要量は少ないが，これも必須であり，酵素と結合して，それぞれが担当する化学反応を触媒する．

酵素と補因子との結合は一般に可逆的であり，両者の複合体（ホロ酵素という）から補因子を除くと触媒活性は失われる．しかし，残ったタンパク質部分（アポ酵素）に補因子を加えると，触媒活性は再び回復する．ホロ酵素の触媒作用では，多くの場合，主役を演ずるのは補因子である．すなわち，補因子は，単独でも，小さいながらも触媒能を持つ．それに対して，アポ酵素自体は触媒としての能力を全く持たないのが一般的である．しかし，アポ酵素は，補因子を結合してその周囲に触媒作用に適した化学環境を作り上げて，その中で補因子に存分にその触媒能を発揮させる．さらに，基質を結合するためのポケ

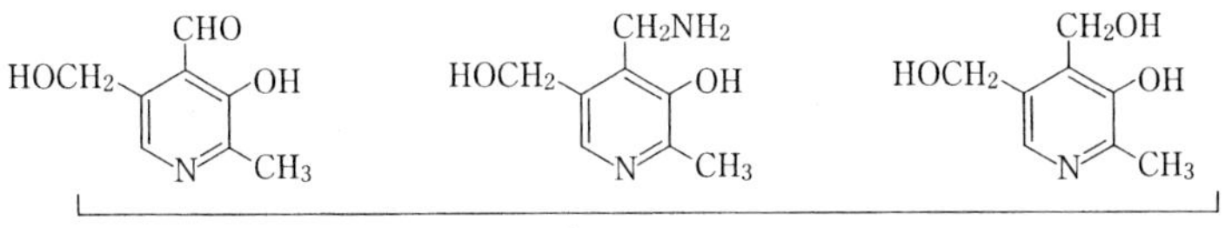

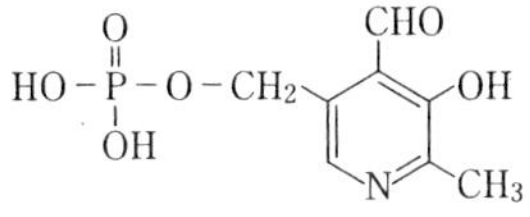

図9.1 ビタミン B_6 群とピリドキサルリン酸

ットを提供し，反応をミカエリス・メンテン型にして高活性と高選択性の両者を達成するのに寄与する（7.3節）。また，光学活性な化学環境を与えるのもアポ酵素である。こうして，ホロ酵素（アポ酵素＋補因子）は，全体として優れた触媒能を発揮する。

9.2 ピリドキサルリン酸

ビタミン B_6 はタンパク質の代謝に関係したビタミンとして知られている。カツオや動物のレバーなどに多量に含まれており，私たちが食事で摂取するときには，図9.1上に示す3個の構造のいずれかの形をしている。しかし，どの構造で摂取されても，私たちの身体の中で生化学反応を受けてピリドキサルリン酸（図9.1下）という補酵素に変わる。そしてアポ酵素に結合し，(1) アミノ基転移反応，(2) アミノ酸のラセミ化反応，(3) アミノ酸の脱炭酸反応，などを触媒する。もちろん，これらの反応のそれぞれに対して異なるアポ酵素が存在し，それによって，どの反応を触媒するかが決まる（ホロ酵素は，それぞれトランスアミナーゼ，イソメラーゼ，デカルボキシラーゼと呼ばれる）。いずれの反応経路でも，まず形成される反応中間体は，補酵素のアルデヒド基が基質（アミノ酸）のアミノ基と反応して生成するシッフ塩基（Schiff base）である（図9.2：アルデヒドやケトンとアミンが縮合して生成する $-C(R)=$

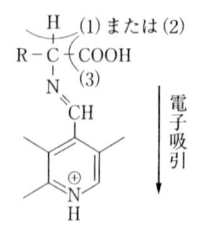

図9.2 ピリドキサルリン酸とアミノ酸とのシッフ塩基形成とここから派生する触媒反応
(1) アミノ基転移反応，(2) ラセミ化，(3) 脱炭酸

N— 基を持つ一連の化合物をシッフ塩基と呼ぶ）。この中間体の中では，ピリジニウムイオンが，電子共役系を通じて，アミノ酸に由来する部分から強力に電子を引っ張る．そのために，α炭素上の電子密度が大きく減少し，この炭素からα水素やカルボキシ基が容易に脱離できる状況になっている．以下に述べるとおり，α炭素からα水素が脱離した場合にはアミノ基転移反応かラセミ化のいずれかが起こり，カルボキシ基が脱離すれば脱炭酸反応が進行する（図9.2）．

9.2.1 アミノ基転移反応

まずアミノ基転移反応を例として，ピリドキサルリン酸の作用機構を，もう少し詳細に説明しよう．この反応は，あるアミノ酸(1)（9.1式ではグルタミン酸）とα-ケト酸(2)（オキサロ酢酸）とが反応し，アミノ酸(1)がα-ケト酸(1)に変わるとともに，基質のα-ケト酸(2)から対応するアミノ酸(2)（9.1式ではアスパラギン酸）が生成するものである．生体内における代表的なアミノ酸代謝経路であり，非必須アミノ酸の生合成や余剰アミノ酸の分解などに重要な役割を果たす．

$$\begin{array}{c}\text{COOH}\\|\\\text{CH}_2\\|\\\text{CH}_2\\|\\\text{H-C-NH}_2\\|\\\text{COOH}\end{array} + \begin{array}{c}\text{COOH}\\|\\\text{CH}_2\\|\\\text{C=O}\\|\\\text{COOH}\end{array} \longrightarrow \begin{array}{c}\text{COOH}\\|\\\text{CH}_2\\|\\\text{CH}_2\\|\\\text{C=O}\\|\\\text{COOH}\end{array} + \begin{array}{c}\text{COOH}\\|\\\text{CH}_2\\|\\\text{H-C-NH}_2\\|\\\text{COOH}\end{array} \qquad (9.1)$$

グルタミン酸　　　　　　　　　　　　　　　　　アスパラギン酸

非常に大きな結合組換えが起きており，一見するとマジックが起きたかのように思うかもしれない．しかし，実際には，補酵素ピリドキサルリン酸（Py−

CHO) の特性を活用した2段階の反応で，非常にスムースに進行する (9.2, 9.3式)．この2式をあわせたものが(9.4)式である．

$$R_1-\overset{NH_2}{\underset{|}{CH}}-COO^- + Py-CHO \longrightarrow R_1CO-COO^- + Py-CH_2-NH_2 \quad (9.2)$$

$$R_2CO-COO^- + Py-CH_2-NH_2 \longrightarrow R_2-\overset{NH_2}{\underset{|}{CH}}-COO^- + Py-CHO \quad (9.3)$$

$$R_1-\overset{NH_2}{\underset{|}{CH}}-COO^- + R_2CO-COO^- \longrightarrow R_2-\overset{NH_2}{\underset{|}{CH}}-COO^- + R_1CO-COO^- \quad (9.4)$$

α-アミノ酸(1)　　α-ケト酸(2)　　　α-アミノ酸(2)　　α-ケト酸(1)

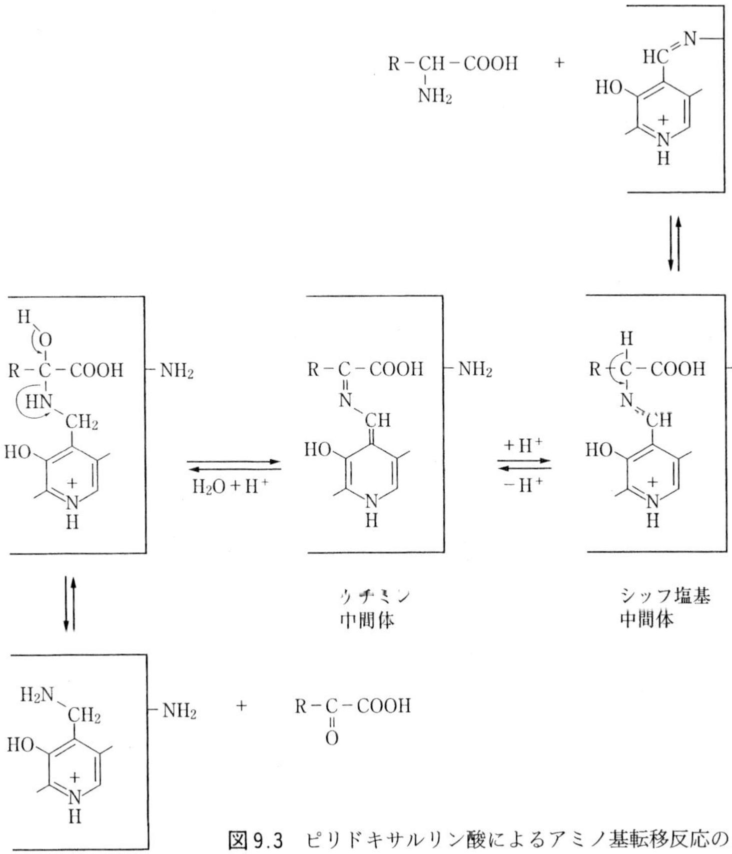

図9.3　ピリドキサルリン酸によるアミノ基転移反応のスキーム

(9.2) 式の機構の詳細を図9.3に示す．まず，アミノ酸のアミノ基とピリドキサルリン酸（Py–CHO）のアルデヒド基が反応し，シッフ塩基を形成する*．すると，ピリジニウムイオンが強力に電子を吸引してアミノ酸の α 炭素上の電子密度を大幅に下げ，ここから α 水素が脱離するのを促進する．この水素脱離が反応のキーステップであり，この脱離で生成した中間体は速やかにケチミン中間体へと変わる．最終的に，この中間体が水で加水分解され，ピリドキサミンリン酸（Py–CH$_2$–NH$_2$）を生成すると同時に α-ケト酸が遊離する．結局，もとのアミノ酸と補酵素が反応し，対応する α-ケト酸と補酵素の誘導体（ピリドキサミンリン酸）が生成したわけである（9.2式）．これでアミノ基転移反応の第1段階の終了である．

反応の第2段階では，別の α-ケト酸がピリドキサミンリン酸と反応し，ケチミン中間体を生成する．さらに，上で述べた経路を逆にたどることにより，アミノ酸を生成するとともにピリドキサルリン酸を再生する（9.3式）．これで，あれほど複雑に見えたアミノ基転移反応が見事に完結したわけである（9.2式と9.3式の両辺を加えると9.4式となる．この式と9.1式を比べてほしい）．アミノ酸と α-ケト酸との組み合わせを工夫すれば，必要なアミノ酸が自在に作れるわけである．

9.2.2 ラセミ化反応

アミノ基転移反応では，アミノ酸の α 炭素から水素が抜けて生成した中間体が，そのまま異性化して生成物を与えている．アミノ酸のラセミ化でも，α 水素が抜けて中間体が生成するまでは全く同じである．ただし，この場合には，α 水素が抜けた後に反応溶液内の水素が直ちに α 炭素に付加する．ここで水素が付加する方向がランダムであれば，アミノ酸がもともと持っていた不斉が消滅しラセミ化が起こる．

---

* この補酵素はもともと，アポ酵素のリシン残基のアミノ基とシッフ塩基を形成しているが，基質のアミノ酸がくると，このシッフ塩基を壊してアミノ酸の方とシッフ塩基を形成する．

9.2.3 脱炭酸

一方，シッフ塩基を形成して電子密度が小さくなった α 炭素から，α 水素が抜ける代わりにカルボキシ基が脱離すると脱炭酸が起こる．このように，シッフ塩基中間体の形成まではいずれの反応も同一であり，その後にどのような変化が起こるかにより3種の反応が引き起こされる．

さて，生体内の脱炭酸反応の中で最も重要なものの一つに，グルタミン酸の脱炭酸による GABA（γ-aminobutyric acid：ギャバ）の生合成がある．GABA は，小脳や海馬に多く存在し，神経伝達に重要な役割を果たしている．この反応を触媒する酵素（グルタミン酸デカルボキシラーゼ）の補酵素がピリドキサルリン酸である．

$$\begin{array}{c} \text{COOH} \\ | \\ \text{CH}_2 \\ | \\ \text{CH}_2 \\ | \\ \text{CH(NH}_2) \\ | \\ \text{COOH} \end{array} \xrightarrow{-\text{CO}_2} \begin{array}{c} \text{COOH} \\ | \\ \text{CH}_2 \\ | \\ \text{CH}_2 \\ | \\ \text{CH}_2(\text{NH}_2) \end{array} \qquad (9.5)$$

グルタミン酸　　　　　　　GABA

9.3 ニコチンアミドアデニンジヌクレオチド（NADH）

NADH は体内に最も多量に存在する補酵素で，多くの酸化還元反応を触媒する．図9.4に示すように，ニコチンアミドモノヌクレオチド（図の上方）とアデニル酸（下方）がピロリン酸で結ばれている．酸化還元反応に直接に関与するのはニコチンアミドの部分である（図9.5）．酸化型の補酵素（NAD^+）が反応基質から2つの水素原子を受け取り，その4位にヒドリドイオン（H^-）を付加した還元型（NADH）になると同時に，プロトン（H^+）を系内に放出する．

例えば，アルコールの酸化では，アルコールからヒドリドイオンが抜けて NAD^+ に付加して NADH を生成する．これと同時に，もう一つの H 原子がプロトンとして系に放出される．こうして，形式的には，基質のアルコールから2つの水素原子が取られてアルデヒドを生成する．

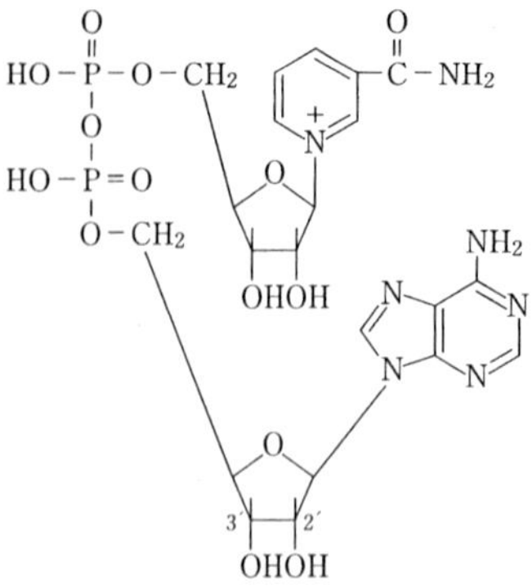

図9.4 NAD$^+$の構造
下のリボースの2'位がリン酸化されたものはNADP$^+$と呼ばれる．

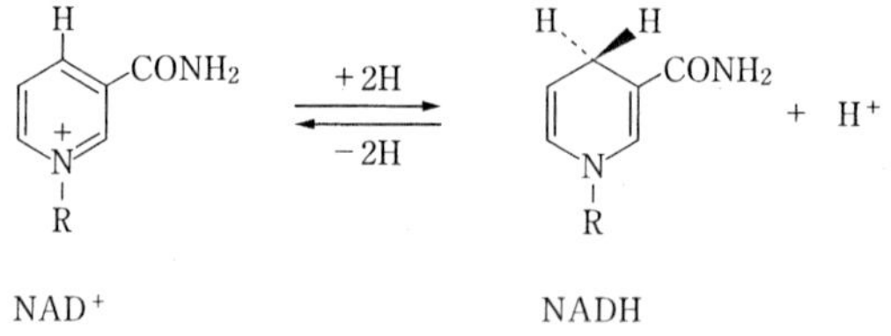

図9.5 NAD$^+$とNADHとの可逆的酸化還元

$$RCH_2OH + NAD^+ \longrightarrow RCHO + NADH + H^+ \qquad (9.6)$$

一方，グルコースのアルコール発酵は，この反応の逆反応を利用している．グルコースの代謝の過程で生成したピルビン酸は，まず脱炭酸されてアセトアルデヒドとなり，このアセトアルデヒドがNADHにより還元されてエタノールとなる．もちろん，NADHからアセトアルデヒドに直接に移動したのはヒドリドイオンである．ここで生じる負電荷は，系内からプロトンをとることにより補償されている．

$$\text{グルコース} \to \to \to \text{ピルビン酸}\ (CH_3C(O)COOH) \xrightarrow{\text{脱炭酸}}$$
$$CH_3CHO \xrightarrow{NADH} \text{エタノール} \qquad (9.7)$$

9.4 補酵素のモデル反応

9.4.1 ピリドキサルリン酸のモデル反応

アポ酵素がなくても，ピリドキサルはアミノ基転移反応を触媒する．しかしながら，反応速度は，ホロ酵素によるものとは比較にならないほど小さい．図9.6は，このモデル系の反応機構である．酵素反応との大きな違いは，反応に金属イオン（例えば，Cu(II)，Fe(II)，Fe(III)，Al(III)など）が必要であることである．

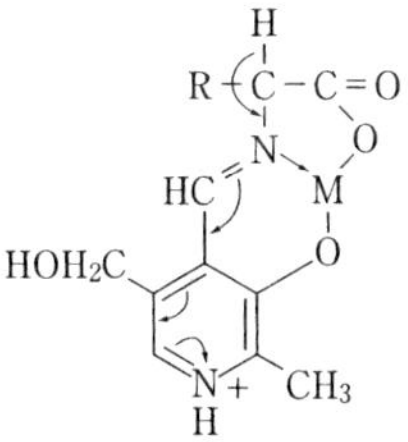

図9.6 アポ酵素の不在下におけるピリドキサル
によるアミノ基転移反応
（M≡金属イオン）

9.4.2 ニコチンアミドアデニンジヌクレオチドのモデル反応

ニコチンアミドの還元体は，アポ酵素がなくても，活性化されたケトン，アルデヒド類を還元する（9.8式）．この反応も，Mg(II)やZn(II)などの金属イオンを加えると加速される．

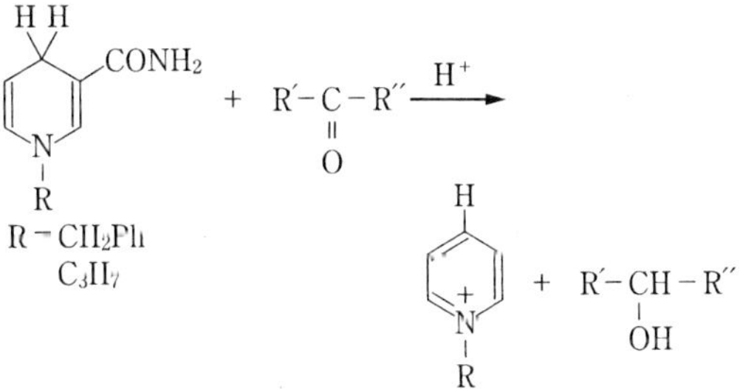

(9.8)

第9章 補 酵 素

演 習 問 題

[1] テキストに述べたとおり，アポ酵素の不在下においてピリドキサルによるアミノ基転移反応が起こるためには，金属イオンが必要である．これはなぜだろうか？　図9.6から推定せよ．

[2] 補酵素ピリドキサルリン酸が触媒する反応に共通する中間体の構造を示せ．

第10章 分子内反応と分子内触媒作用

　前章までで，酵素がなぜあのように驚異的に特異性が高いのか，またなぜ活性が高いのかの理由が，おおむね理解できたことだろう．それらを簡単にまとめれば，(1) 基質・酵素複合体の中で，特異的基質の反応点の近傍に触媒官能基が正確に固定されること (**分子配向制御**)，(2) 複数の触媒官能基が協同的に機能すること (**協同触媒作用**)，(3) 対象とする反応に有利なように化学環境が整備されること (**反応場制御**)，の3つである．酵素は，一次構造に基づいて形成される高次構造の中で，これらの3因子を見事に実現している．

　それでは，このように優れた機能は，天然物である酵素の専売特許であろうか？　決してそんなことはないのだ．これからの3章で学ぶように，十分に分子設計しさえすれば，私たちが合成した分子でも，酵素に匹敵する，あるいはこれをしのぐような高い機能を発揮することができるのだ．つまり，「生物に学びながら生物を超える」という生物有機化学の目標は，徐々に達成されてきている．本章では，上の3要因のうち (1) の"**分子配向制御**"に焦点を絞り，これを模倣した分子内反応ならびに分子内触媒作用について学ぶ．

10.1 分子内反応と分子間反応

　分子間反応や分子間触媒作用では，反応基質同士（あるいは反応基質と触媒分子）は，溶液の中で互いに勝手に動き回っている．それに対して，分子内反応や分子内触媒作用では，反応原料の中で両者が共有結合で結ばれているので，この段階ですでにお互いの動きがある程度まで制限されている．したがって，分子間反応（および触媒作用）に比べて分子内反応（触媒作用）の方が高効率であるのは，直観的にも予想できるだろう．しかし，一体全体どれぐらい有利なのであろうか？　このファクターは，酵素の驚異的に大きな触媒活性を

十分に説明できるほどの大きさになるのであろうか？ (10.1) 式と (10.2) 式に示した"アミン触媒によるエステルの加水分解"を例として，分子間触媒作用と分子内触媒作用との効率を定量的に比べてみよう．

分子間触媒作用

$$CH_3COOC_6H_5 + H_2O \xrightarrow{N(CH_3)_3} CH_3COOH + C_6H_5OH \quad (10.1)$$

分子内触媒作用

$$(CH_3)_2N-(CH_2)_3-COOC_6H_5 \rightarrow (CH_3)_2N-(CH_2)_3COOH + C_6H_5OH \quad (10.2)$$

いずれの反応も，第三級アミノ基によるカルボニル炭素への求核攻撃で進み，分子間反応の例で示せば

$$\begin{array}{ccccc} CH_3COOC_6H_5 & \longrightarrow & CH_3C(O)N(CH_3)_3{}^+ & \xrightarrow{+H_2O} & CH_3COOH \\ \Uparrow & & + & & + \\ N(CH_3)_3 & & C_6H_5O^- & & C_6H_5OH \end{array} \quad (10.3)$$

のとおりである．第三級アミノ基の求核攻撃により生成する中間体（中央の上部）は非常に不安定で，速やかに加水分解されて最終生成物（カルボン酸とアルコール）を与える．すなわち，反応の律速段階は，アミノ基による求核攻撃である．

(10.1) 式の分子間触媒作用は 2 分子反応であるので，エステル分解の反応速度定数 k_{obs} はトリメチルアミンの濃度に比例する（アミンの不在下では，反応はほとんど進まない）．[トリメチルアミン] $= 0.5$ mol/L のときには，k_{obs} は 2×10^{-6} min^{-1} である（二次触媒定数 $= 4 \times 10^{-6}$ min^{-1} mol^{-1} L）．これは，基質の量が半分に減るのに，200 日以上もかかることに相当する（一次反応速度定数が k のとき，反応基質の半減期は $0.693/k$ で与えられる）．

それに対して，(10.2) 式の分子内触媒作用によるエステル分解は一次反応であり，反応速度は基質濃度に依存しない．すなわち，基質濃度に関わらず，一次速度定数は 2×10^{-2} min^{-1} である．つまり，基質の半減期はわずかに 35 分であり，トリメチルアミン濃度が 0.5 mol/L のときの分子間反応よりも，

実に10000倍も速い．反応自体は基本的に全く同じものであるのに，これだけの大きな差が生じるのだ．この例を見ただけでも，分子内触媒作用がいかに効率が高いかが理解できるだろう．

10.2 有効触媒濃度

ここで，分子内触媒作用（一次反応）と分子間触媒作用（二次反応）の速度を比較する際の尺度として，"分子内触媒の有効濃度"という概念を導入しよう．これは，"分子内触媒作用と同じ反応速度を与える分子間触媒の濃度"と定義される．分子内反応と分子間反応を比べる場合も全く同じである．例えば，10.1節の例では，2×10^{-2} min^{-1}/(4×10^{-6} min^{-1} mol^{-1} L) = 5000 mol/Lが，この分子内触媒反応におけるジメチルアミノ基の有効濃度である．名称からも，また定義からも容易に類推されるように，有効濃度は濃度のディメンジョンを持つ．同じように，多くの分子内触媒作用では，数十〜数千mol/Lの有効濃度が容易に実現する．

さて，この数十〜数千mol/Lという有効濃度の大きさについて考えてみよう．純粋な水の中における水分子の濃度は，1000/18 = 55.5 mol/Lである．ある触媒分子（液体）の分子量が仮に50であるとすれば，水を全く加えない純粋な触媒試薬の中における触媒分子の濃度でも20 mol/Lに過ぎない（比重が1であるとして）．つまり，分子内触媒作用の効率は，触媒試薬をそのまま使ってこの中に基質を入れ，基質の周囲が全て触媒分子である場合よりも，はるかに大きいのだ．まさに驚異的に大きな触媒効率といえよう．

10.3 分子内反応はなぜ効率が高いのか？

10.3.1 反応活性化パラメーター

異なる温度 T で反応を行って反応速度を測定すると，反応の活性化エンタルピー $\varDelta H^{\ddagger}$ と活性化エントロピー $\varDelta S^{\ddagger}$ が決定できる（詳細は，物理化学の教科書を参照すること）．第6章で学んだように，$\varDelta H^{\ddagger}$ は「遷移状態に移る際にどれだけエンタルピー的に不安定になるか」を反映し，また $\varDelta S^{\ddagger}$ は「遷移

表10.1 分子間触媒作用(10.1式)と分子内触媒作用(10.2式)における反応活性化パラメーター(kcal mol^{-1})

フェニル置換基	分子間触媒作用		分子内触媒作用	
	ΔH^*	$-T\Delta S^*$	ΔH^*	$-T\Delta S^*$
p-NO$_2$	12.3	6.3	11.9	1.9
m-NO$_2$	12.1	8.0	11.5	4.3
p-Cl	12.5	9.1	15.9	2.2
H	12.9	9.4	12.5	5.7

状態に移る際に自由度をどれだけ失うか」の尺度である．ΔH^*が小さいほど，またΔS^*が大きいほど（$-T\Delta S^*$が小さいほど）反応は速い．

　表10.1に，アミン触媒による一連のフェニルエステルの加水分解において，アミンが分子間触媒および分子内触媒として働いた場合のそれぞれについてのΔH^*とΔS^*の値を示す．フェニル置換基がHである場合が，(10.1)式ならびに(10.2)式そのものに対応している．ΔH^*の値は，触媒作用が分子内で起こっても（12.5 kcal mol^{-1}），あるいは分子間であっても（12.9 kcal mol^{-1}），それほどには違わない（0.4 kcal mol^{-1}の差では，反応速度の差はたかだか2倍である）．反応が同一であるから，これは予想通りである．ところが，活性化エントロピー項（$-T\Delta S^*$）の値は，分子内触媒作用の方が3.7 kcal mol^{-1}も小さい（ΔS^*は大きい）．この差は，25℃で反応を行うと500倍も反応が速いことに相当する．その他のフェニル置換基の場合でも，活性化エントロピー項の差は3.7-6.9 kcal mol^{-1}で，いずれも分子内触媒反応の方が格段に小さい．全く同じような結果が，他のさまざまな分子内触媒反応と分子間触媒反応を比べた際にも得られている．すなわち，「分子内触媒作用が分子間触媒作用よりもはるかに効率が高い理由は，分子内触媒作用が活性化エントロピー的に有利であることに起因する」という極めて重要な結論が得られたわけである．もちろん，分子内反応が分子間反応よりもはるかに速いのも，同じように活性化エントロピー項の差による．

10.3.2 物理化学的解釈

分子間触媒作用では，原系で，基質と触媒は互いに自由に動き回っている（エントロピーが高い状態にある）．ところが，遷移状態では，両者は（瞬間的ではあっても）互いに結合しなければならない．そこで，この段階で並進の自由度の大半を失う．これ以外にも，回転や振動の自由度も失うだろう．いずれにしても，遷移状態に移行する際には，このように大きなエントロピーのロスを伴い，これが反応を大いに抑制する方向に働く．それに対して，分子内触媒作用では，両者はあらかじめ共有結合で結ばれている．そのために，最初からある程度その動きを制限されており，原系ですでに相当な量のエントロピーを失っている．そこで，遷移状態に移る際のエントロピーのロスは小さくて済み，そのために大きな触媒効率が実現する．

同様な議論は，もちろん酵素反応でも成立する．基質・酵素複合体では，基質と触媒官能基との相互配向は，反応に有利なように固定されている．すなわち，この複合体形成の過程で，反応の障害になるエントロピー・ロスの一部は，すでに支払済みである．したがって，この複合体の中で結合組換えが起こるときにはエントロピー・ロスが最小限に抑えられ，そのために反応は極めて迅速に進行する．

10.4 分子配向の重要性

上記の議論から，同じ分子内触媒作用（あるいは分子内反応）であっても，「反応点と触媒（あるいは反応点同士）がどのような相対位置に固定されているか？」，あるいは「両者の分子運動の自由度がどの程度まで抑制されているか？」が反応性に著しく影響することが予想される．両者が触媒作用に有利な相互配向にしっかりと固定されていれば，それだけ触媒作用が大きくなるに違いない．また，反応点が遷移状態に近い状態で固定されていれば，反応も速いに違いない．まさにその通りであり，その効果はおそらく皆さんが予想するよりもはるかに大きい．

表 10.2 分子内反応における分子配向固定の効果

基質	相対速度
(CH₂ 鎖, COOR / COO⁻)	1.0
(Me₂ 置換, COOR / COO⁻)	20
(短鎖, COOR / COO⁻)	230
(cis-アルケン, COOR / COO⁻)	10000
(ビシクロ O 架橋, COOR / COO⁻)	53000

$R = C_6H_5$

10.4.1 分子内酸無水物の形成

　表 10.2 に示してあるのは，カルボキシラートが分子内でフェニルエステルを攻撃して酸無水物を生成する反応の相対速度である．カルボキシラートと親電子中心（フェニルエステルのカルボニル炭素）を結ぶリンカー部分の構造を系統的に変化させている．ただし，リンカーがトリメチレン鎖（メチレン炭素が 3 個）である場合の反応速度を基準（1.0）としており，これに対する相対値である*．まず，リンカーの中央の炭素にメチル基を 2 個導入し，この部分の C–C 結合の回転運動を抑制してみよう．すると，反応速度は基準化合物の 20 倍に速くなる．次に，トリメチレン鎖からメチレン炭素を一つ取り去り，自由回転できる C–C 結合を一つ取り除くと，反応速度は基準化合物の 230 倍

＊　基準としているこの反応でも，分子間反応に比べれば比較にならないほど速い．したがって，ここでの比較は，非常に速い反応同士で比べていることに留意してほしい．

に跳ね上がる．ついで，残った2つの炭素の間を二重結合にして，ここの回転を完全に止めてしまう．すると，反応はさらに速くなり，基準化合物に比べて10000倍の速さとなる．

さらに，特殊な炭素骨格を使って，反応点同士を適切な位置に正確に固定する．すると，実に，基準化合物に比べて53000倍も反応が速くなる．53000倍の加速というと，例えば，もとの反応の半減期が15時間であったものが，わずか1秒に短縮されるのに相当する．これらの一連の実験では，反応自体は全く同一であるので，基本的に活性化エンタルピーはほぼ同一と考えてよい．したがって，反応点同士（あるいは反応点と触媒）を正確に配向して遷移状態に移る際のエントロピー・ロスを最小限に抑えることが，効率的な反応系を設計するためにいかに重要であるかが実感できるであろう．

10.4.2 分子内エステル（ラクトン）の形成

これよりもさらに顕著で，驚異的ともいえる配向制御効果も報告されている．反応は，ベンゼン環のオルト位に配置されたヒドロキシ基とカルボキシ基との間の分子内エステル形成反応（ラクトン化）である（図10.1）．カルボキシ基を結合するリンカーにも芳香環にも置換基のない化合物のラクトン化の速度を1.0とする．まず，ベンゼン環にメチル基を3個導入する．しかし，反応速度はほとんど変化しない．つまり，ベンゼン環のメチル置換による電子的な効果は無視できるほどに小さい．次に，カルボキシ基とベンゼン環を結合するリンカーの炭素に2個のメチル基を導入すると，反応は4400倍に速くなる．明らかに，導入されたメチル基によりリンカー部分の回転が抑制され，ヒドロキシ基とカルボキシ基とが近くに固定されたために反応効率が高まったものである．

さらに，リンカーに2つのメチル基を導入するのに加えて，芳香環に3個のメチル基を導入してみよう．こうすると，メチル基同士の立体反発のために，ヒドロキシ基とカルボキシ基とは，互いにそばにいなければならなくなる．すると，なんと，反応は1000億倍も速くなる！　上の酸無水物形成反応でも述べたとおり，反応は同じであるので，活性化エンタルピーはほぼ不変と考えて

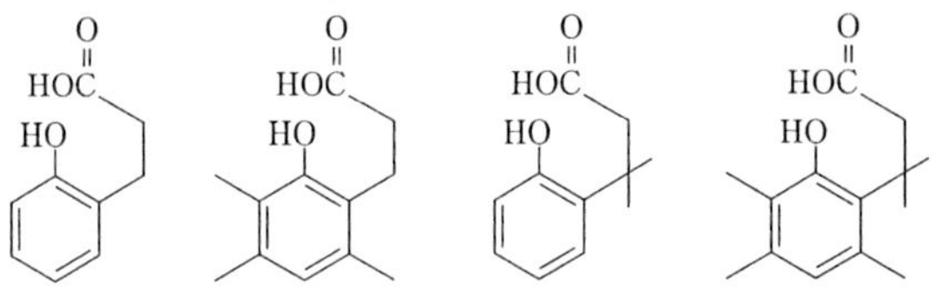

相対速度　1.0　:　1.05　:　4.4×10³　:　10¹¹

図 10.1　分子内エステル形成の反応速度に及ぼす置換基の効果

よい．つまり，活性化エントロピー項を有利な方向に誘導するだけで，まさに劇的な加速効果が得られたわけである．

演 習 問 題

[1] ある分子間触媒反応を行ったところ，触媒濃度が 0.5 mol/L のときには，基質濃度が半分になるのに 20 時間を要した．そこで，触媒濃度を 1.0 mol/L にしたところ，基質の半減期は 10 時間になった．次に，この反応における触媒と基質とを共有結合で結合し，これを用いて分子内触媒反応を行ったところ，基質の半減期は 5 分であった．このとき，分子内触媒の有効濃度はいくつか？

[2] 活性化自由エネルギーが 5 kcal mol^{-1} だけ小さいということは，25 °C で反応を行うと 4000 倍以上も反応速度が速いことに相当する．このことを確認せよ．

[3] 表 10.2 の一番下の化合物では，基準化合物よりも反応が 53000 倍も速い．これは，活性化自由エネルギーがどれだけ減少したことを意味するか？

第11章 複数の官能基の協同触媒作用

酵素が極めて優れた機能を発揮できる一つの理由は，基質・酵素複合体の中で，基質の反応点と触媒官能基とが反応に最も適した位置に配置されることである（**分子配向制御**）．前章で私たちは，この要因が人工系でも十分に再現できることを学んだ．しかし，酵素が高活性であるには，もう一つの秘密がある．それが**協同触媒作用**である．すなわち，酵素は活性点に複数の触媒官能基を配置し，これらを協同的に作用させて大きな触媒効果を生んでいる．例えば，α-キモトリプシン（第8章）では，電荷伝達系を使ってヒドロキシ基→イミダゾール→カルボキシラートと次々にプロトンを移動し，ヒドロキシ基の求核性を大きく高めて驚異的に高い反応性を達成している．

また，生体反応の中には，活性化自由エネルギーが非常に大きく，一つの触媒が働いただけでは容易に進まないものも多い．このような場合にも，天然酵素は，複数の触媒基の協同触媒作用を活用して反応を円滑に進ませる．11.2節で述べるRNAの加水分解はそのような反応の代表例である．配向制御効果だけでなく，このような複数の官能基間の協同触媒効果も人工系で実現することができれば，私たちはさらに天然に近づくことができる．従来の触媒をはるかに超える"超高活性触媒"も開発できるに違いない．本章では，分子構造を正確に設計しさえすれば，人工系でも協同触媒作用が十分に働くことを学ぼう．

11.1 電荷伝達系のモデル
11.1.1 イミダゾールによる分子内一般塩基触媒作用

α-キモトリプシンの電荷伝達系を，合成化学的に模倣してみよう．まず，図11.1の左側の多環式化合物を使って，堅い炭素骨格にエステルとイミダゾ

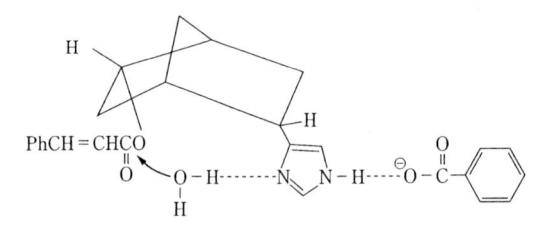

図 11.1 電荷伝達系の人工的模倣

ールを固定する．ここでは，エステルとイミダゾールとの相対位置をアシル化キモトリプシンにおける相対位置に近づけて，イミダゾールによる分子内一般塩基触媒作用が円滑に進むように工夫してある．つまり，イミダゾールが水からプロトンを引き抜くと，この活性化された水は，エステルのカルボニル炭素を攻撃しやすい位置にくるようになっている．実際に，中性付近において，イミダゾールによる分子内一般塩基触媒作用によるエステル加水分解が観測される（反応機構は，図 11.1 から，右側にあるベンゾエートイオンを取り去ったものである）．

11.1.2 カルボキシラートの効果は？

さて，α-キモトリプシンの電荷伝達系には，ヒドロキシ基とイミダゾールに加えて，Asp 102 のカルボキシラートが存在する．そこで，その役割を模倣するために，上の反応系にさらにベンゾエートイオンを加えてみよう．もし，酵素の電荷伝達系のように，（水の）ヒドロキシ基→イミダゾール→ベンゾエートのプロトン連鎖移動が起これば，イミダゾールによる分子内一般塩基触媒作用がさらに有効に働いて，エステル加水分解が加速されるはずである．はたして，このような人工の電荷伝達系は十分に機能するだろうか？

実験で得られた結果は，「ベンゾエートによる加速効果の有無は，使用する反応溶媒の種類に決定的に依存する」というものであった．すなわち，溶媒として水を使っている限りでは，ベンゾエートイオンを加えても，その加速効果はほとんど認められない．ところが，溶媒の水に 1,4-ジオキサンを加えていくと，ジオキサンの量が増えるにつれてベンゾエートイオンによる加速効果が

著しく大きくなる．例えば，ジオキサンのモル分率が0.42で，[ベンゾエートイオン]$_0$ = 0.5 mol/L のときには，ベンゾエートイオンによる加速効果は実に2500倍にもなる．ベンゾエートイオン濃度を増すと，エステル加水分解の速度もこれに比例してさらに増加する．このように，溶媒系を適切に選べば，非酵素系であっても電荷伝達系を効率よく働かせることができる．

さて，この人工電荷伝達系で，溶媒として，水の代わりに水/ジオキサン系混合溶媒を使用したのは，カルボキシラートを疎水環境に置くためである．第8章で述べたとおり，α-キモトリプシンのAsp 102のカルボキシラートは疎水的な環境に置かれており，"埋もれたカルボキシラート"と呼ばれている．疎水環境の中にあるために水中におけるよりもはるかに塩基性が大きく（プロトンを獲得して−COOHになりやすい），そのためにイミダゾールからプロトンを効率的に引き抜く．図11.1の人工系でも，溶媒中のジオキサンの割合が大きくなるにつれて反応系が疎水的になり，それに伴ってカルボキシラートの塩基性が増す（ジオキサンの誘電率は約2であり，水の値80よりもはるかに小さい）．その結果，ヒドロキシ基→イミダゾール→ベンゾエートのプロトン移動の効率が高まり，触媒効率が増加したものである．

11.2 RNAの加水分解

生体反応の中には，複数の触媒官能基が協同触媒作用しなければ円滑に進まないものも多い．RNAの加水分解は，そのような反応の代表例である．

11.2.1 反応スキーム

RNA加水分解は独特の反応スキームで進行するので，まずこれについて勉強しよう．第3章で述べたとおり，RNAはDNAと非常によく似た化学構造をしており，両者の違いは単にリボースの2′位にヒドロキシ基があるか否かだけである．しかし，反応性，特にアルカリに対する反応性は両者で大きく異なり，RNAの方がはるかに加水分解されやすい（両者の差は1万倍以上である）．それは，RNA加水分解とDNA加水分解では，反応機構がまったく異なるためである．

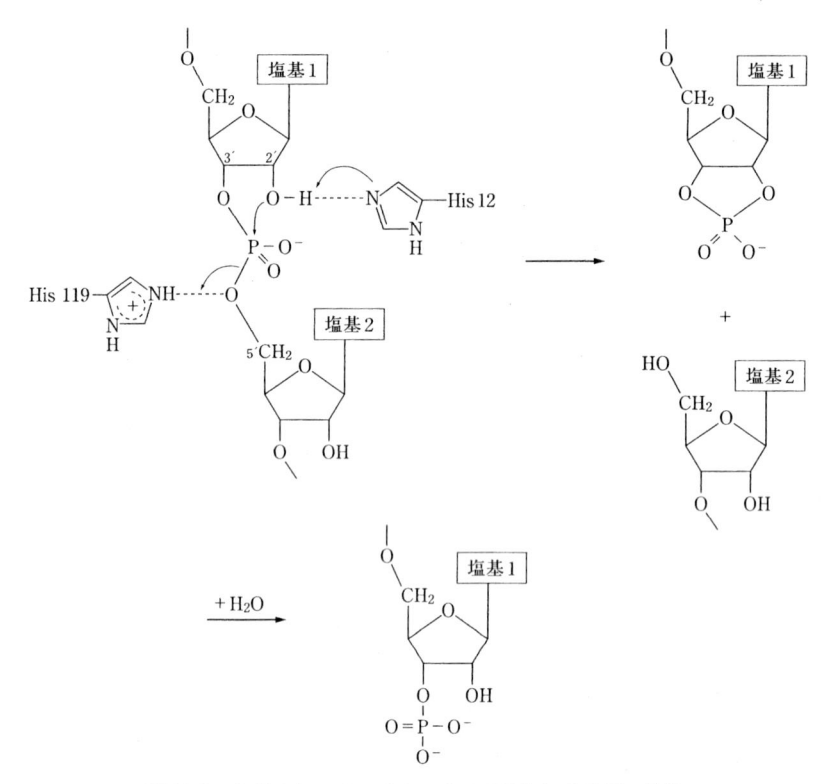

図11.2 リボヌクレアーゼAによるRNA加水分解の機構

　RNAの加水分解は分子内反応であり，切断されるリン酸ジエステル結合の5′側のリボースの2′位ヒドロキシ基が，リン原子を分子内で求核攻撃する（図11.2から2つのイミダゾールを除いた反応スキームを頭の中に描いてほしい）．その結果，P–O(5′)結合が切断されて3′側（図では下側）のRNA断片が放出され，他方のRNA断片の末端に環状リン酸（2′,3′-環状リン酸）が生成する（図の右側上方）．最終的に，この環状リン酸が加水分解されて，RNAの加水分解反応が完結する．

　このようにRNA加水分解がヒドロキシ基による分子内求核攻撃で進行するのに対して，DNAの加水分解では，求核剤として働くのは溶媒として用いら

れている水（あるいは水酸化物イオン）である．第10章で学んだように，分子内反応は分子間反応よりも格段に効率が高いので，RNAの方がはるかに分解されやすいわけである．DNAは遺伝情報のメモリーであり，そこには何物にも侵されない絶対的な安定性が要請される．一方，RNAはDNAとタンパク質をつなぐ過渡的なメモリーであり，ある程度の安定性があればそれで十分である．生物は，これらの相反する性質を，母体の構造を大きく変えることなく，単に2′位にヒドロキシ基をつけるか否かで実現している．

RNAのリボースの2′位のヒドロキシ基は，リン原子を分子内で求核攻撃するのに非常に適した位置に配置されている．しかしながら，これまでも繰り返し述べてきたように，ヒドロキシ基自体の求核性は小さく，このような分子内反応ではあっても，そのままでは容易に進まない．したがって，酵素（あるいは高活性な触媒）がなければ，RNAも十分に安定である．

さて，準備が整ったので，RNA加水分解を触媒する天然酵素（リボヌクレアーゼ）の作用機構を11.2.2項で，また協同触媒作用を活用した人工リボヌクレアーゼについて11.2.3項で学ぶ．

11.2.2　RNAを加水分解する酵素：リボヌクレアーゼ

リボヌクレアーゼAは，RNAを加水分解する酵素である．活性中心には2つのヒスチジン（イミダゾール基）があり，これらが協同触媒作用してRNAを分解する（図11.2）．まず，一方のイミダゾール基（左上の図の右側：His 12）が一般塩基触媒として働く．つまり，RNAのリボースの2′位ヒドロキシ基からプロトンを引き抜き，酸素原子上の電子密度を高めてリン原子への求核攻撃を促進する．ただし，RNAのリン酸ジエステル結合は非常に安定であり，単に求核剤（ヒドロキシ基）を活性化しただけでは反応が十分に進まない．そこで，さらに，もう一つのイミダゾール基（左上の図の左側：His 119）が酸触媒として働き，リン原子の上の電子密度を下げる．こうして，塩基触媒と酸触媒が協同作用して求核中心と親電子中心の両方を活性化すると，初めて，RNAの加水分解が迅速に進行する．

ここで，一般塩基触媒として働く方のイミダゾール基は非プロトン化の状態

で，また一般酸触媒として働くイミダゾール基はプロトン化した状態でなければ触媒活性がないことに注意しよう．水溶液中におけるイミダゾールのpK_aは7であるが，この酵素では，周囲の化学環境をペプチド鎖が制御しているために，前者のイミダゾールのpK_aは約5.5に，また後者のイミダゾールのpK_aは約6.5になっている．そこで，pH 6付近で酵素反応を行うと，前者は主として非プロトン化状態にあり，また後者の多くはプロトン化した状態にある．その結果，両者による酸塩基協同触媒作用が有効に働く（11.3節でさらに詳細に解析する）．

11.2.3 協同触媒作用を利用した人工系によるRNA加水分解

（1）天然を正確に模倣する

さて，私どもが実験室でRNAを水に溶解し，ここにイミダゾールを加えれば，上記のような協同触媒作用が実現するだろうか？　決してそのようなことは起こらない．つまり，この反応系では，基質RNAも2つのイミダゾール分子も，いずれも溶液の中を自由に動き回っている．分子間反応では，2つの分子を近距離に固定するのでさえも大きなエントロピーのロスを伴い，反応効率は壊滅的な打撃をこうむるのだ（第10章）．ましてや，上の反応系で協同触媒作用を実現するには3分子（RNAと2個のイミダゾール）の動きを遷移状態で止めなければならず，これはエントロピー的にあまりに不利で起こりえない．

この問題を解決するには，2つのイミダゾールを適当なリンカーで共有結合し，分子間協同作用を分子内協同作用に変えればよい．実際に，こうして3分子反応を2分子反応に変換するとエントロピー的な不利が緩和され，2つのイミダゾール分子の協同触媒作用でRNAが切断されるようになる．

（2）さらに自在な分子設計

これまでは，天然酵素の構造と機能を，合成化学的手法により，できる限り正確に真似ることを試みてきた．しかし，私たちは，天然にあるものを何から何までそっくり真似る必要はない．むしろ，天然からは本質的な原理だけを学び，これを人工系に自由に展開していけばよいのだ．例えば，リボヌクレアー

ゼAが私たちに教えていることは,「RNAを効率的に加水分解するには酸触媒と塩基触媒の両者を使い,これらを適切に協同作用させればよい」ということである.ここで,天然酵素は,生物の進化過程における種々の事情で,酸触媒,塩基触媒の両方にヒスチジン残基(イミダゾール)を使用している.しかし,私たちが人工リボヌクレアーゼを作り出すときには,このような制限条件は全くない.もっと使いやすいものがあれば,それを使えばよい.

そこで,イミダゾールの代わりに脂肪族のアミンを用いてみよう.以下に述べるとおり,エチレンジアミンのように非常に入手が容易で単純な構造の分子でも,RNAの加水分解触媒として有効である.まず,中性溶液中におけるエチレンジアミンのイオン化状態を検討してみよう.アミノ基のpK_aは約9であるので,pH 7では,2個のアミノ基のうちの一つはプロトン化している.しかし,もう一つのアミノ基が同時にプロトン化してジカチオン($H_3N^+-(CH_2)_2-NH_3^+$)になると,近距離に置かれた2つの正電荷の間に大きな静電反発が働き,非常に不安定になる.そのために,エチレンジアミンの2番目のアミノ基のプロトン化は大いに抑制され,pH 7では容易に起こらない(もっと低いpHでのみ起こる).その結果,中性の水溶液中には,モノカチオン状態のエチレンジアミン($H_3N^+-(CH_2)_2-NH_2$)が大量に存在することとなる.

ここで,プロトン化したアミノ基はプロトンを与える能力を持っているので,酸触媒として働きうる.また,非プロトン化状態のアミノ基は,プロトンを奪う能力を持つ塩基触媒である.つまりこの化学種には,酸触媒と塩基触媒の両者がそろっており,これらが協同触媒作用に適した位置に配置されている.実際に,pH 7でRNAにエチレンジアミンを作用すると,モノカチオン種の中で酸塩基協同触媒作用が効率的に働き,RNAが迅速に加水分解される(図11.3).エチレンジアミンのモノカチオンは,酵素リボヌクレアーゼAの活性点とは化学構造は全く異なる.しかし,酸塩基協同触媒作用によりRNAを加水分解するという点では,"天然酵素のモデル"である.

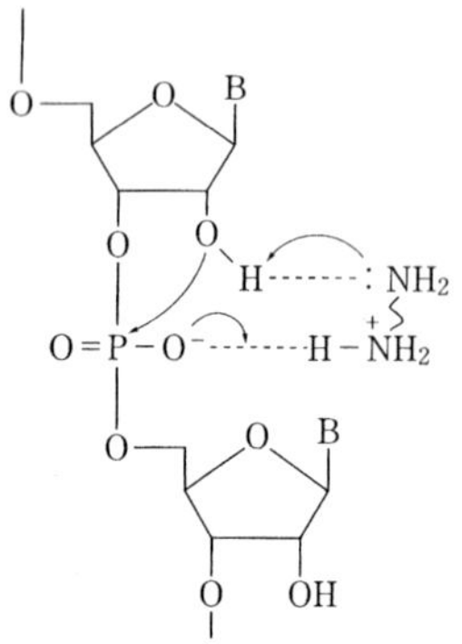

図 11.3 エチレンジアミン（モノカチオン種）の分子内酸塩基協同触媒作用による RNA 加水分解

11.3 協同触媒効果はどのようにして確認するのか？

11.2.2 項で，「リボヌクレアーゼ A は，2 つのイミダゾール基の酸塩基協同触媒作用により RNA を加水分解する」と述べた．では，このような協同触媒作用が実際に起きているかどうかは，どのようにして判断するのだろうか？色々な方法がある．しかし，最も簡便でしかも明確な証拠は，反応速度（より正確には k_{cat}）の pH 依存性から得られる．

触媒官能基として働く 2 つのイミダゾール基のイオン化状態が，pH にどのように依存するかについて考えよう（この部分が理解しにくければ 2.5 節を参照せよ）．上で述べたとおり，リボヌクレアーゼ A の 2 個のイミダゾール基のうちで，一般塩基触媒として働く方のイミダゾール基の pK_a は約 5.5 である．したがって，強い酸性溶液の中（低い pH）では大半がプロトン化した状態にあり，これらは一般塩基触媒としての能力がない．pH が上がるにつれて，非プロトン化状態のイミダゾールの量が増加し，pH 5.5 ではちょうど半分が非プロトン化状態で，残りがプロトン化している．さらに pH を上げると，非プロトン化状態のイミダゾールの濃度が次第に増していき，やがてこの化学種ばかりになる．図 11.4 の破線は，この状況を表したものである（縦軸が対数目盛りであることに注意すること）．一方，酸触媒として働くイミダゾール基の pK_a は約 6.5 であり，触媒活性種（プロトン化状態）の濃度は図中の一点鎖線のように変化する．協同触媒作用が起こるためには，前者のイミダゾール基

11.3 協同触媒効果はどのようにして確認するのか？

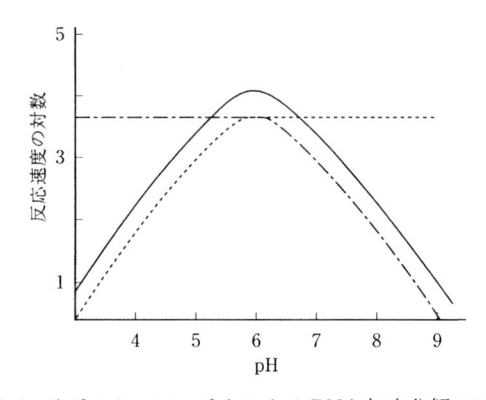

図 11.4 リボヌクレアーゼ A による RNA 加水分解における反応速度の pH 依存性
破線は pK_a 5.5 のイミダゾールの触媒活性種（非プロトン化状態のもの）の濃度依存性；一点鎖線は pK_a 6.5 のイミダゾールの触媒活性種（プロトン化したもの）の濃度依存性；実線はこれらに基づく理論曲線をそれぞれ表す．

が非プロトン化状態で，後者のイミダゾール基がプロトン化状態でなければならない．したがって，この仮定のもとに理論曲線を計算すると，実線のように，pH が 6 付近に極大を持つこととなる．実際に，pH を変えてリボヌクレアーゼ A による RNA 加水分解を行うと，反応速度は pH 6 付近で極大となり，まさに理論曲線と合致する．こうして，2 つのイミダゾールによる酸塩基協同触媒作用が証明された．このように，2 つの官能基が酸塩基協同触媒作用をするときには，反応速度は，ある pH で極大となる．こうして得られる"上に凸の pH 依存性"は，その形が釣鐘に似ていることからベル型曲線と呼ばれ，酵素反応ではしばしば認められる*．

---

* 酵素反応の一つの特徴は，反応活性を最大にする至適 pH があることである．本文でも述べた通り，2 つの官能基による酸塩基協同触媒作用が起これば，確かに至適 pH が出現する．しかし，酵素の中には基質結合能が pH によって変化するものもあり，この場合には，協同触媒作用がなくても至適 pH が出現する．したがって，「至適 pH を持つので，この酵素反応では 2 つの官能基が酸塩基協同触媒作用している」とは必ずしも言えないので注意すること．

11.4 さらに優れた触媒系を目指して

以上述べてきたように，厳密に分子設計しさえすれば，低分子の人工系でも協同触媒効果は再現できる．ただし，人工系と天然酵素の大きな違いは，酵素は常に水の中で働いているという点である．つまり，酵素は，ポリペプチドの高次構造を巧みに利用して，水の中にさまざまなミクロ化学環境を作り出す．こうして，"疎水性の環境に置かれた親水基"や"親水性の環境に置かれた疎水基"などを作り出し，それぞれの官能基に最大限の機能を発揮させる．逆にいえば，生命は，このような特殊な化学環境を実現する方向に向かって進化してきたともいえる．

それに対して人工系では，官能基の周囲の化学環境を制御するには一般的には溶媒を変えなければならず，天然との差は小さくない．しかし，最近では，適当な合成高分子を使って特異的な反応場を水の中に形成したり，あるいは人工ホスト化合物（第12章）の空洞を使って反応のミクロ環境を制御することが可能になりつつある．こうして，酵素が高活性を示す第3の理由である"反応場制御"も模倣できるようになり，天然系と人工系との距離がますます縮まってきている．

演 習 問 題

[1] Aspのカルボキシラート（共役酸の$pK_a = 5$）とLysのアンモニウムイオン（$pK_a = 9$）が酸塩基協同触媒作用するとき，反応速度とpHとの関係を図示せよ．

[2] [1]とは逆に，Aspのカルボキシ基（$pK_a = 5$）が酸触媒，Lysのアミノ基（共役酸の$pK_a = 9$）が塩基触媒として両者が協同的に働くとしたら，反応速度とpHとの関係はどのようになるか？

第12章 人工ホスト

　第10章と第11章で学んだように，酵素の"高い触媒活性"は，私たちが実験室で合成する人工系でも，十分な工夫をすれば再現できる．そこで本章では，酵素のもう一つの特徴である"高選択性"に挑戦することとする．

12.1 特異的反応と分子認識

　酵素の優れた基質特異性は，基本的には，酵素の基質結合部位が特異的基質のみを選択的に結合することに起因する（第7, 8章）．酵素はまずこの第1ステップで特異的基質を認識し，特異的基質と構造が大きく異なるものはこの段階で排除される．ここで合否の決め手となるのは，基質結合部位と基質との立体的ならびに物理化学的なフィットの善し悪しである．そして，この第1段審査に合格したものだけが第2ステップ（触媒官能基群による結合組換え）に回される．ただし，ここでも，基質の反応点と触媒官能基群との相対配向が，結合組換えの効率に決定的な影響を及ぼす．すなわち，触媒官能基群が十分に活躍するのは特異的基質に対してのみであり，それ以外の基質は容易に触媒作用を受けない．こうして，2つのステップにおいて厳密な審査を受ける結果，通常では容易に達成できない高い選択性が実現する．

　したがって，酵素の高選択性を人工系で再現するには，特定のターゲット分子を選択的に結合する基質結合部位を設計・合成する手法の確立が必要となる．このような特性を持った人工分子は，特定のお客さん（ゲスト）を迎える主人になぞらえて"ホスト分子"と呼ばれ，これに関連する化学を"ホスト・ゲスト化学"という．

12.2 環状ホスト

酵素の基質結合部位は一般に疎水性のポケットであり，その中に色々な官能基が配置されている．その酵素にとって特異的基質であるかどうかは，まず，基質の分子サイズとポケットの大きさとのフィットの善し悪しで認識される．さらに，ポケットに配置された官能基と特異的基質の官能基とが分子間相互作用（水素結合，クーロン相互作用など）して，結合の選択性をさらに高める．そこで，環状構造をしていて，その空洞の内部にゲストを取り込む"環状ホスト化合物"に注目が集まった．さまざまな環状ホストが知られているが，中でもよく用いられるのは，シクロデキストリン，クラウンエーテル，およびカリックスアレンの3つである．

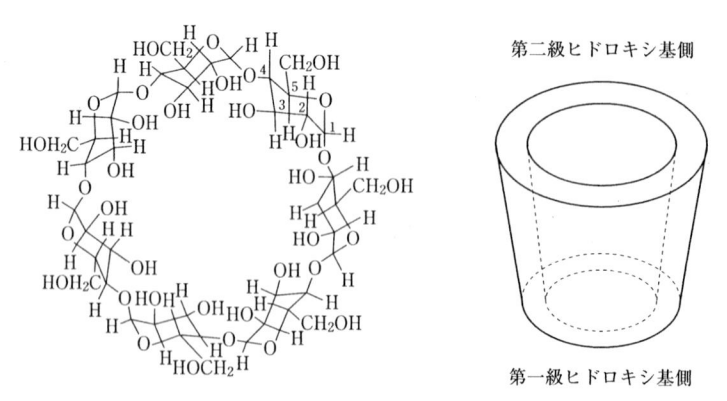

12.2.1 シクロデキストリン

シクロデキストリンは最も古くから用いられてきたホスト分子である．6～8個のグルコースが環状に結合した環状ホストであり，ある種の酵素がでんぷんに作用して作り上げる天然物である．図12.1の左側の図で，全てのグルコースは紙面に垂直に立っており，そのために分子全体としては，右側の図のように"底の抜けたバケツ"のような筒状構造をしている．グルコース単位の数が6, 7, 8個のものはそれぞれα-, β-, γ-シクロデキストリンと呼ばれ，筒内部の空洞の直径はそれぞれ4.5, 7.0, 8.5 Åである．また空洞の深さはいずれ

図12.1 シクロデキストリンの構造

も 7.0 Å である．筒の一方の端には多くの第二級ヒドロキシ基が並び，また他の端には第一級ヒドロキシ基が並んでいる．これらのヒドロキシ基群は親水性であるので，シクロデキストリンは水によく溶ける．ところが，筒の内部は，メチン基やエーテル性酸素で囲まれており疎水的である．すなわち，シクロデキストリンを水に溶解すると，分子サイズの疎水性空間が水の中に形成される．そのために，シクロデキストリンは種々の特異的機能を発現し，酵素のモデルとして盛んに使用されている（触媒作用については次章で述べる）．

シクロデキストリンの水溶液に疎水性のゲストを入れると，ゲストが空洞の中に取り込まれて複合体（包接化合物と呼ばれる）が形成される．ここでホスト・ゲスト複合体形成の主たる原動力は，基質・酵素複合体形成の場合と同様に疎水性相互作用である．つまり，シクロデキストリンの空洞の内壁は疎水性であり，水との接触を嫌っている．もちろん，疎水性のゲストも水と接触しているのがいやである．したがって，ゲストがシクロデキストリンの空洞に入り，空洞の内壁と接することにより，全体として水との接触面積を減らそうとするわけである．そのために，一般に，ゲストの疎水性が大きいほど，またゲストのサイズがシクロデキストリンの空洞のサイズにフィットするほど複合体は安定となる．この特性は，酵素の基質結合部位による特異的基質の認識と基本的に同じである．

12.2.2 クラウンエーテル

このホストは，主鎖骨格の中に複数のエーテル酸素を持つ環状のエーテルである（図 12.2）．この分子を真上から見たときに，王様のかぶる王冠（crown）に似ていることからクラウンエーテルという名称を与えられている．

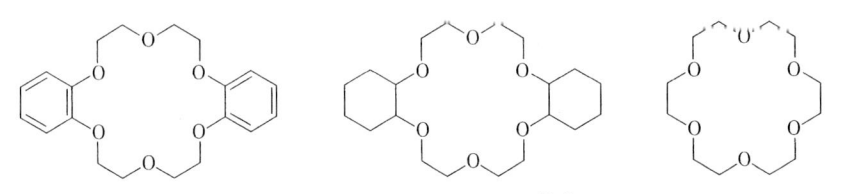

図 12.2　クラウンエーテルの構造

シクロデキストリンが天然物であるのに対し，こちらは純粋な合成物である．当時デュポン社に勤めていたPedersenは，ある目的で，片方のヒドロキシ基を保護したカテコールとジクロロエチルエーテルとを反応させていた（当初の目的物は（12.1）式の左下の化合物である）．しかし，後から考えれば実に幸いなことに，使用したカテコール誘導体の中に，保護されていないカテコールが不純物として混入していた．その結果，(12.2)式の反応が進み，クラウンエーテル（その時点ではもちろんこの名称はないが）が副生した．このように，クラウンエーテルの発見はまさに偶然の所産であった．しかし，当初の目的生成物の中にわずかに混じった予期せぬ結晶に着目し，これを詳細に調べ，特異的なゲスト結合能を見出し，その結果，ホスト・ゲスト化学の隆盛に結びつけた業績はまさに偉大であり，私たちによい教訓を与えている．

$$(12.1)$$

$$(12.2)$$

シクロデキストリンが疎水性ゲストを好んだのに対し，クラウンエーテルは金属イオンやアンモニウムイオンを強く結合する．ここで主役を演じるのは環の上に並んだ一群のエーテル性酸素原子である．分子全体が環構造をとってい

るために，必然的に，これらの酸素原子の孤立電子対はいずれも環の中央を向く．つまり，クラウンエーテルの環の内部は電子の宝庫である．そこで，これらの電子との静電相互作用により金属イオンが結合される．また，アンモニウムイオンは，クラウンエーテルの環上の酸素原子を水素受容体として，水素結合（$-\overset{|}{\underset{|}{N^+}}-H\cdots O<$）で結合される．

　(12.2) 式の合成法を見ればすぐにわかるように，原料を適当に変えれば，さまざまなサイズのクラウンエーテルが容易に合成できる．そこで，空洞の大きさとゲストの大きさの相関が詳細に調べられた．結論的にいえば，シクロデキストリンの場合と同様に，ホストの空洞とゲストとのサイズがフィットすることが安定な複合体を形成するのに必須である．すなわち，環を構成する原子の数が18で，その中にエーテル性酸素を6個持つ18-クラウン-6（図12.2の右端のもの：空洞半径＝2.6-3.2 Å）は，K^+ イオン（イオン半径は2.66 Å）を強く結合する．しかし，Na^+ イオン（1.90 Å）は小さすぎて，また Cs^+ イオン（3.38 Å）は大きすぎて，18-クラウン-6のゲストとしてはいずれも適さない．一方，環サイズを小さくした15-クラウン-5（18-クラウン-6から $-CH_2CH_2O-$ を一つ取り除いたもの）は，予想通りに Na^+ を強く結合し，K^+ や Cs^+ は大きすぎるためにほとんど結合しない．また，環サイズを大きくした21-クラウン-7（18-クラウン-6に $-CH_2CH_2O-$ を一つ加えたもの）では，Cs^+ が強く結合される．

12.2.3　カリックスアレン

　フェノールとホルムアルデヒドを反応させると，脱水縮合反応が起こり，4〜8個のベンゼン環が環状に結合したホスト分子ができる（図12.3）．ここで用いられている反応は，基本的にはベークライト樹脂の合成法と同じであるが，反応条件を適切に調節して，環状化合物が効率的に生成するように工夫されている．置換基Rに親水性置換基を導入すると水に可溶になり，この水溶性カリックスアレンは，シクロデキストリンと同じように，水溶液中で疎水性のゲストを取り込んで複合体を形成する．

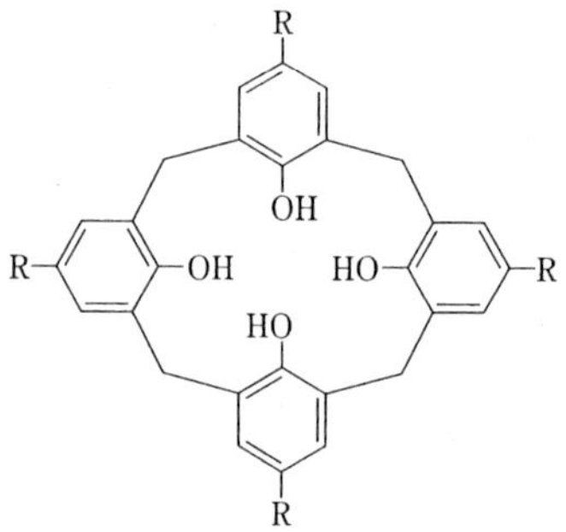

図 12.3 カリックスアレンの構造

12.3 環状ホストの化学修飾によるゲスト認識能の向上

　以上のように，シクロデキストリンやクラウンエーテルのような環状ホストはゲストを選択的に結合するが，これらを化学修飾して適切な官能基を取り付けると，ゲスト選択性と結合力とを飛躍的に高めることができる．天然酵素による基質結合でいえば，疎水性のポケットの内部あるいは近傍の所定の位置に各種のアミノ酸の側鎖官能基を配置し，これらとの相互作用により高選択的な分子認識を実現していることに相当する．

　シクロデキストリンに種々の官能基を導入するには，円筒構造の両端にある第一級ヒドロキシ基や第二級ヒドロキシ基との共有結合を利用する．例えば，第一級ヒドロキシ基側に Zn(II) のトリアミン錯体を導入すると，2-アダマンタノン-1-カルボキシラートに対する結合力が，未修飾シクロデキストリンの結合力の 300 倍に強まる（図 12.4）．ここでは，ゲストのアダマンタン部分がシクロデキストリンの空洞に結合し，カルボキシラートが Zn(II) 錯体に配位し，これらの相互作用が加成的に働く．こうして，複数の相互作用が同時に機能することにより，ゲストの構造が正確に認識され，それと同時に大きな結合力が生まれる．また，シクロデキストリンにクラウンエーテルを結合したハイブリッド型ホスト分子は，フェノール類の金属塩を非常に強く結合する．それは，ゲストの疎水性部分（芳香環）がシクロデキストリンに捕まえられ，また金属イオンがクラウンエーテルに捕まえられる．この他にも，数え切れないほ

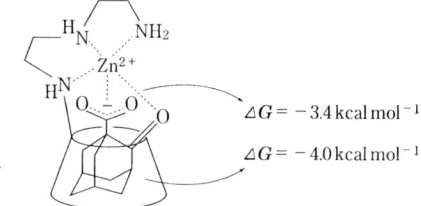

図12.4 Zn^{2+}錯体を結合したシクロデキストリンによるアダマンタン-1-カルボキシラートの多点分子認識

$\Delta G = -3.4\,\text{kcal mol}^{-1}$

$\Delta G = -4.0\,\text{kcal mol}^{-1}$

どの修飾シクロデキストリンや修飾クラウンエーテルが合成され，大きな選択性と大きな結合力とを実現している．いずれの場合も，ゲストとホストとの複数の相互作用（多点分子認識）が高機能の根幹である．

このような多点分子認識をさらに発展させることにより，単に選択的にゲスト分子を結合するだけではなく，これをもう一歩進めて，「複合体の中で，反応点と反応点（あるいは反応点と触媒官能基）とを反応に有利な分子配向に正確に固定する」ことができる．こうして，酵素反応の第2ステップで見られる"結合組換え段階での特異的基質の再チェック"も人工的に再現できるようになりつつある．

12.4 分子溝ホスト

前項までで述べたホストは，いずれも環状構造をしていた．環状構造の利点は，ゲストの大きさが容易に識別できることと，導入した官能基が空間的に固定されることである．したがって，比較的容易に，正確な分子認識が実現する．ただし，必ずしも環状構造ではなくても，基本骨格の構造を工夫して官能基を正確な位置に固定しさえすれば，十分に高いゲスト選択性と結合力とが達成できる．例えば，図12.5のホスト化合物では，堅い炭素骨格に官能基を固定することにより，これらの官能基が全てホスト分子の中央部に集中するようにしてある．この場合のゲスト分子は，核酸塩基の一つであるアデニンである．まず，ホストの各所に配置された水素結合サイトとの水素結合により，アデニンの水素結合サイトが厳密に認識される．さらに，ホスト分子の底部に配

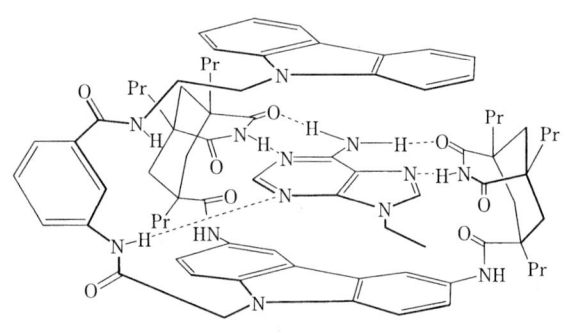

図12.5 溝型ホストによるアデニンの認識

置された芳香環は，平面構造をもつアデニンとファンデルワールス相互作用し，複合体の安定性をさらに高める．こうして，空間的に正しい位置に種々の官能基を正確に配置することにより，高い選択性と大きな結合力とを両立させている．

12.5 分子インプリント法

溶液の中に2種類の分子を入れたとき，一般には，分子はお互いに勝手に動き回る．しかし，両者が水素結合やイオン結合で相互作用する場合には，瞬間的に複合体が形成される．もし，この相互作用が1：2や1：3のモル比であり，しかも，この状態で全ての動きを止めることができれば，"人工ホスト分子"が得られるはずである．そこで，"複合体形成をした瞬間のスナップショットを撮って，ここですべての分子運動を凍結する方法"，それが最近注目されている分子インプリント法である．

12.5.1 基本原理

分子インプリント法の概要を図12.6に示す．基本的には，"認識したいゲスト分子を鋳型分子として入れておいて，その存在下に，鋳型と相互作用する種々の機能性モノマーを重合する方法"である．こうして，鋳型と相互作用している機能性官能基の分子運動を，高分子構造の中に凍結する．

例えば，テオフィリンという薬物を選択的に結合するホスト分子が欲しいと

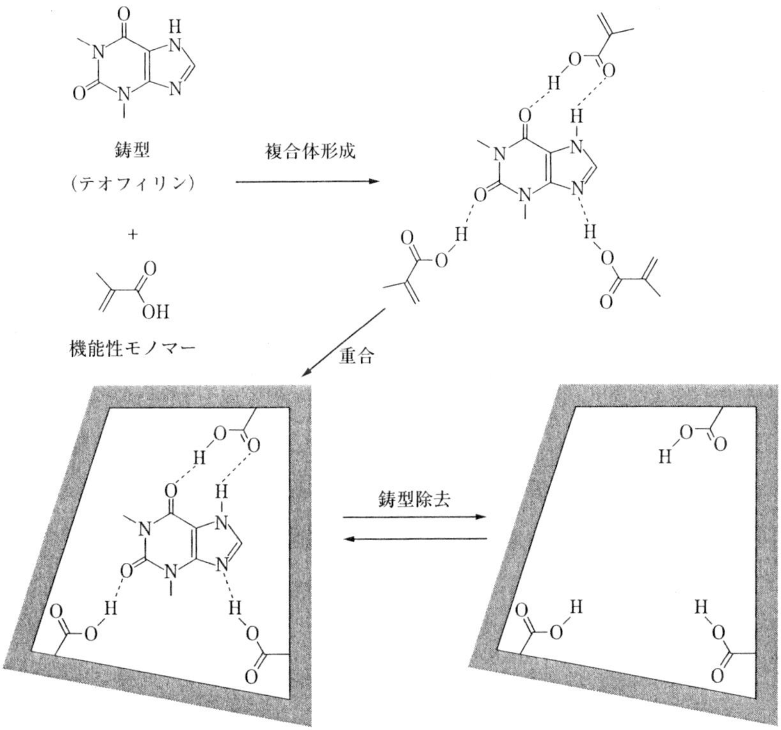

12.5 分子インプリント法

図 12.6 分子インプリント法によるテオフィリンに対するホスト分子の合成

する．まず，この薬物と相互作用する機能性モノマーを探す．この場合の機能性モノマーとしてはアクリル酸が適当で，そのカルボキシ基がテオフィリンと水素結合して複合体を形成する（図 12.6 の右上方）．もちろん，溶液の中の複合体は動的なもので，そのままではすぐに構造を変えてしまい正確な分子認識はできない．そこで，反応系を重合してアクリル酸同士を結合し，分子運動を凍結する（図の左下）．ジビニルベンゼンなどの架橋剤を加えて，高分子構造の動的自由度を減らせばさらに効果的である．すると，薬物を結合した状態のままでカルボキシ基が固定され，望みどおりの形に凍結される．最終的に，生成した高分子を溶媒で処理して，鋳型として用いたテオフィリンを除去する（右下）．こうして得られた高分子は，（複数のカルボキシ基の立体的な位置と

方向で）もとの薬物の構造を記憶しているので，この薬物に対する選択的ホストとして働くというわけである．もちろん，ゲスト分子の選択的結合には，ゲストと高分子主鎖とのファンデルワールス相互作用も関与する．もし他のゲストを結合するホストが欲しければ，このゲストと相互作用する適当なモノマーを探してきて，これをゲストの存在下で重合させればよい．

12.5.2 ホスト分子の規則的会合体の合成

分子インプリント法をさらに発展させて，環状ホスト分子をモノマーとして鋳型分子の存在下に重合させると，高分子の中にホスト分子を規則正しく並べ，大きなゲスト分子を効率的に結合するレセプターを構築することができる．例えば，シクロデキストリンをジイソシアナートで架橋する際にコレステロールを鋳型として用いると，コレステロールを選択的に結合するレセプター分子が得られる．コレステロールに対する結合サイトは，2個のシクロデキストリンが向かい合って結合した二量体構造である（図12.7）．コレステロールは分子サイズが大きいので，1つのシクロデキストリン分子では十分に結合できず，効率的に結合するには，このように2個以上のシクロデキストリン分子

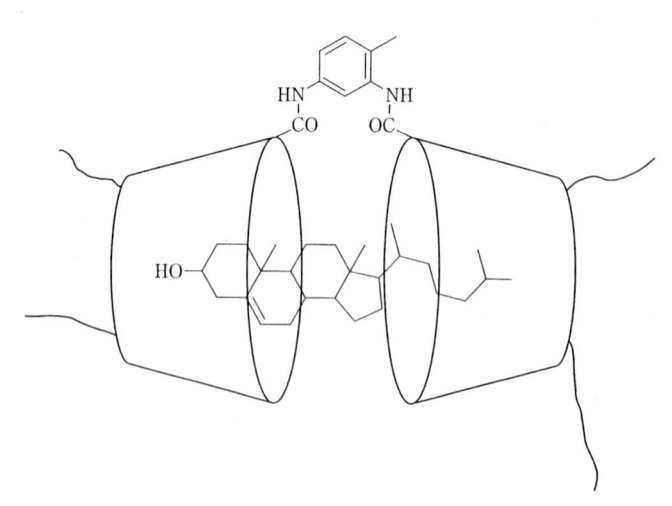

図12.7 シクロデキストリンの分子インプリントで形成されるコレステロール結合サイト

が規則正しく並ぶことが必要である．分子インプリント法に用いる反応溶液の中ではシクロデキストリンとコレステロールが2：1の相互作用をするので，図に示した結合サイト（二量体構造）が高分子の中に大量に生成する．それに対して，鋳型の不在下でシクロデキストリンを架橋しても，コレステロール結合能は生まれない．この場合には，重合系でシクロデキストリンは互いにランダムに運動しており，そのために，2分子がきちんと並んだ二量体構造は容易に生成しない．したがって，得られた高分子はコレステロールを結合できないわけである．このように，ホスト分子に分子インプリント法を適用する手法は，大きなサイズを持つゲストに対するレセプター分子の構築法として注目されている．

　分子インプリント法は，ホストの合成が非常に簡単であること，ならびに，さまざまなゲストに対してテーラーメードにホスト分子が得られるという特徴をもつ．分子インプリントという名称は，「カモなどの雛が，生まれて初めて，動く大きな物体を見ると，これを自分の親として受け入れて，それをいつまでも覚えている」という生理学的現象（インプリンティング："刷り込み"）に由来している．「小さな鳥の雛が人間の後をチョコチョコと追いかけて行く」，あのほほえましい映像を見たことのある読者も多いことだろう．分子インプリント法は，この自然現象の分子版である．詳細は成書（Komiyama, M. *et al*.『Molecular Imprinting』Wiley-VCH，2003）を参照してほしい．

シクロデキストリンを食べる

　シクロデキストリンという化合物，実は皆さんも知らず知らずのうちに口にしているのである．スーパーに並べられた食品のラベルのところをよく見てもらうと，"環状オリゴ糖"という項目をしばしば見かけるに違いない．これがシクロデキストリンである．練りわさび，インスタント味噌汁，かまぼこ，清涼飲料水からダイエット食品にいたるまで，極めて多種多彩な食品に含まれている．

　多くの場合，食品の香りを長期間保持する目的で使われている．私たちが香りを感じるのは，香りの分子が鼻の粘膜にあるレセプターと結合してここを刺激するためである．食品を長い間保存しておくと，この香りの分子が飛散してしまい，香りを失ってしまう．これを防ぐために，香りの分子とシクロデキストリンとの複合体（包接化合物）を作らせるわけである．いわば，シクロデキストリンを分子カプセルとして使って，香りの分子を閉じ込めるのだ．シクロデキストリンは，トウモロコシやジャガイモなどから取ったでんぷんに酵素を作用して製造される．そのため毒性は全くなく，食べても安全である．

演 習 問 題

[1] 図12.4で，ゲストのアダマンタン部分とシクロデキストリンとの相互作用の自由エネルギーは $-4.0\,\mathrm{kcal\,mol^{-1}}$ であり，カルボキシラートと Zn(II) 錯体との相互作用の自由エネルギーは $-3.4\,\mathrm{kcal\,mol^{-1}}$ である．これを用いて，この修飾シクロデキストリンの結合力が，未修飾のシクロデキストリンよりも300倍大きいことを示せ．

[2] 酵素でも人工ホストでも，正確に相手を分子認識するためには水素結合がよく用いられる．その理由は何であろうか？

第13章　人工酵素

　これまでに，**分子配向制御**と**協同触媒作用**を活用すれば人工系でも効率的な触媒作用が実現できること（第10，11章），ならびに，複数の分子認識サイトを正確に配置すれば特定分子を高選択的に認識する人工ホストが構築できること（第12章）を学んできた．これらの2つの要素を合体することができれば，天然酵素と同じように高活性と高選択性をあわせ持つ高機能触媒（人工酵素）が構築できるはずである．このように化学的アプローチを活用して人工酵素を設計し構築すること，それが本章のテーマである．

13.1　人工酵素の分子設計

　人工酵素の設計原理は簡単である．要するに，天然酵素にならって，"特定の基質分子を選択的に結合する能力を持つ分子（基質結合部位）"に"触媒官能基群"を結合すればよいのだ（7.6節）．基質結合部位は，第12章で学んだシクロデキストリン，クラウンエーテル，カリックスアレン，分子溝ホストだけでなく，反応対象としたい基質分子（特異的基質）と選択的に複合体を形成するものであれば何でもかまわない．また触媒官能基の選択にも制限はなく，ただ目的反応に対して有効なものを探してくればよい．

　人工酵素が触媒作用を行う際には，天然酵素の場合と同様に，まず，基質結合部位が，反応系に存在する多くの基質の中から特異的基質を選んで結合する．次いで，人工酵素と複合体を形成した基質に触媒官能基群が作用して，その結合組換えを促す．ここで，基質と人工酵素が複合体を形成しているために，人工酵素の触媒官能基群は分子内触媒（に準じたもの）として働く．第10章で学んだように，分子内触媒は極めて触媒効率が大きいので，反応が迅速に進む．必要に応じて複数の触媒官能基を配置してこれらに協同作用をさ

せ，触媒効率をさらに高める（第11章）．こうして，高い選択性と高い触媒活性を実現するわけである．ただし，十分な触媒能を引き出すためには，基質結合部位と触媒官能基群の両方に優秀なものを選ぶとともに，これらを結合するリンカー部分の設計にも十分な注意を払う必要がある．

13.2 シクロデキストリンによるエステル加水分解

　天然の環状オリゴ糖であるシクロデキストリンは，12.2.1項で述べたようにゲストを結合する能力を持っているが，それのみならず，求核触媒作用も持っている．ここで求核剤として働くのは，第二級ヒドロキシ基に由来するアルコキシドイオンである．これらのヒドロキシ基は空洞の一方の端に規則正しく配置されており，隣り合ったグルコース単位の間で次々と水素結合し，空洞のへりに沿って水素結合の輪を形成している*．したがって，その中の一つがプロトンを離しても，そこで生成する負電荷が，周囲のヒドロキシ基との水素結合により安定化される．そのために，シクロデキストリンの第二級ヒドロキシ基は，通常のヒドロキシ基よりもずっとアルコキシドイオンになりやすい．pK_a は約12である．したがって，中性付近のpHでも，ある程度の量のヒドロキシ基が解離状態（アルコキシドイオン）で存在しており，これが有効な求核剤として機能する．このように，シクロデキストリンは，天然酵素と同じように基質結合能と触媒官能基とをあわせ持つので，酵素モデルとして盛んに用いられている．

13.2.1　セリンプロテアーゼの反応スキームとの類似

　シクロデキストリンを触媒とする酢酸フェニルの加水分解は，図13.1のように進行する．まず基質の芳香環部分がシクロデキストリンの空洞に包接される．その結果，基質の求電子中心（カルボニル炭素）が触媒の求核中心（シクロデキストリンの第二級アルコキシドイオン）の近傍に固定される．次いでアルコキシドイオンによるカルボニル炭素への求核攻撃が起こり，フェノールが

---

　* この水素結合の輪があるために，シクロデキストリンの筒状構造は安定に保たれる．

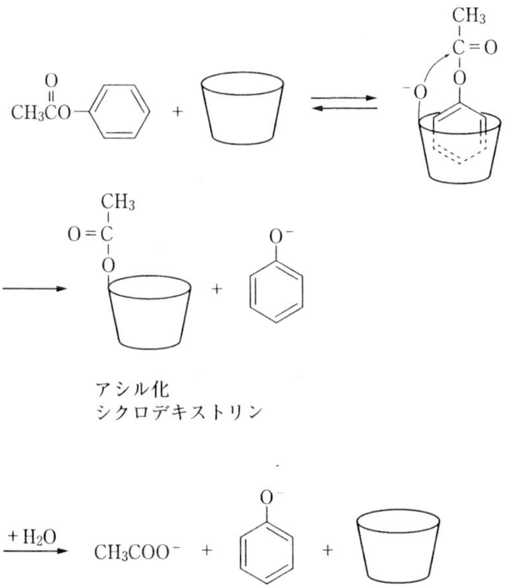

図 13.1 シクロデキストリンによる酢酸フェニルの加水分解の反応スキーム

脱離するとともに基質のアシル基がシクロデキストリンに移動する．これが反応の第1段階である（アシル化過程）．次いで，こうして生成したアシル化シクロデキストリンが加水分解され（脱アシル化過程），アシル基部分を水系に放出すると同時に，シクロデキストリンのヒドロキシ基が再生される．こうして基質の加水分解が完結する．

さて，この反応スキームを，α-キモトリプシンによるペプチド（あるいはエステル）加水分解のスキーム（図8.4）と比べてみよう．いずれも，基質・酵素複合体の形成，アルコキシドイオンによる求核攻撃，触媒のアシル体の生成，アシル化触媒の加水分解というステップで進んでおり，驚くほどよく似ていることに気がつくであろう．もちろん，シクロデキストリンを触媒とする反応も，酵素反応と同様にミカエリス・メンテン式に従う（第7章で述べたとおり，結合組換えの前に基質と触媒とが複合体を形成する場合には，反応は必ずミカエリス・メンテン型となる）．

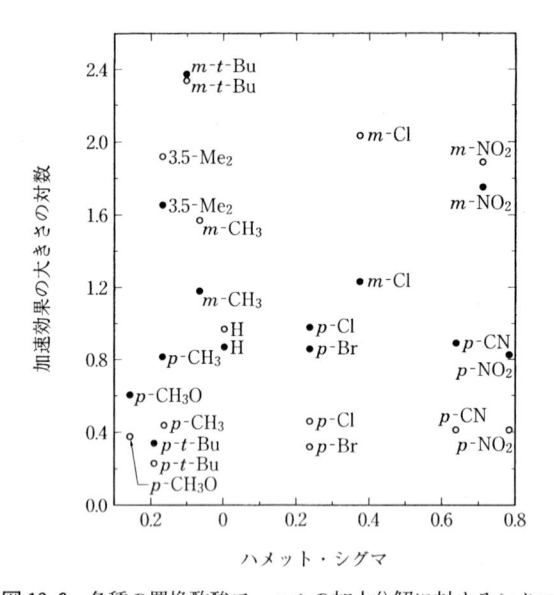

図13.2 各種の置換酢酸フェニルの加水分解に対するシクロデキストリンの触媒効果の大きさのフェニル置換基依存性
○, α-シクロデキストリン；●, β-シクロデキストリン

13.2.2 基質特異性

　シクロデキストリンは酵素と違って分子構造が単純であるので，基質・酵素（モデル）複合体の構造と反応性との関係を詳細に検討することができる．図13.2には，種々のフェニル置換基を持つ酢酸フェニルエステルの加水分解に対するシクロデキストリンの加速効果の大きさを，置換基のハメット・シグマに対してプロットしてある．この図から次のことがわかる．
 (1) シクロデキストリンによる加速効果の大きさは，ハメット・シグマとはほとんど相関がない．つまり電子的な要因は，触媒効果には直接は関係しない．
 (2) 触媒効果の大きさは置換基の位置に非常に敏感で，メタ位置換体の加水分解はパラ位置換体の加水分解よりも，はるかに大きく加速される．

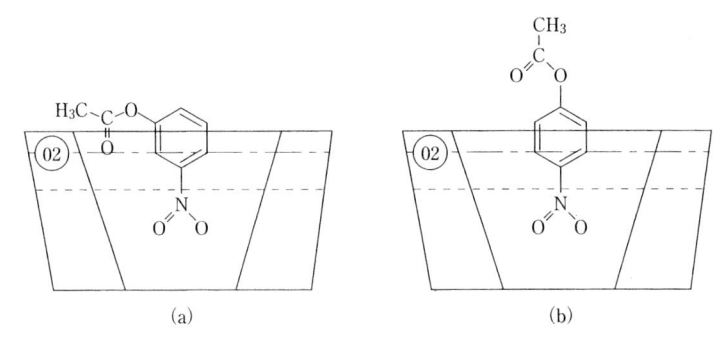

13.3 アニリドの加水分解　　127

図 13.3 シクロデキストリンと酢酸 m-ニトロフェニル (a) および酢酸 p-ニトロフェニル (b) との複合体の構造
◯2は第二級ヒドロキシ基の酸素原子の位置を示す．

　これらの特異性は，基質と人工酵素との複合体の構造の違いに基づく．メタ位置換体であってもパラ位置換体であっても，いずれの場合も，ベンゼン環が，その置換基を先頭にしてシクロデキストリンの空洞に包接される（図 13.3）．すると，複合体の中で，メタ位置換体の親電子中心（カルボニル炭素）は，求核中心であるシクロデキストリンの第二級アルコキシドイオンのごく近傍に固定される (a)．したがって，両者の間の求核反応は迅速に進行する．それに対し，パラ位置換体の場合には，複合体の中で，両者が相当に遠く離れてしまうので反応の効率が悪い (b)．すなわち，「複合体の中で反応点同士が近いか遠いかが，反応速度の大小を支配する」ことが確認された．こうした距離と反応性の相関は，酵素反応で提案されてはいたものの，詳細は不明であった．しかし，シクロデキストリンのように単純な人工酵素を活用することにより，分子レベルでの解析が可能となり明確な結論が得られた．

13.3 アニリドの加水分解

　一般的に，アミド結合は，エステルよりもはるかに加水分解されにくい．それは，脱離基の安定性の差に起因する．エステル加水分解では，カルボニル炭素に対する水酸化物イオン（あるいは水）の求核攻撃で生成する中間体から脱

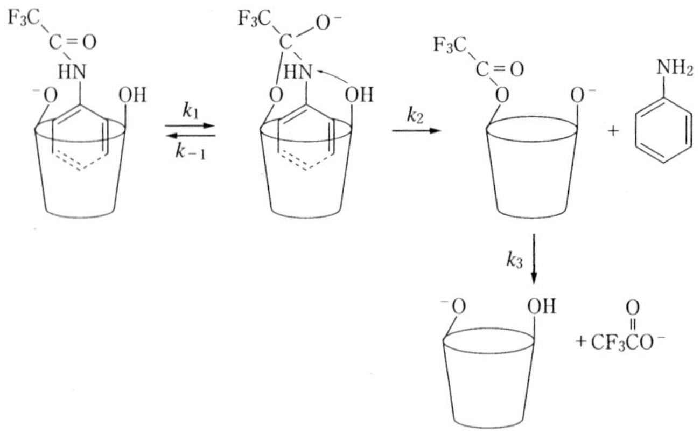

図 13.4 シクロデキストリンによるアニリドの加水分解
アニリドはエステルよりも加水分解されにくいので，アセチルをトリフルオロアセチルに変えて反応性を高めている．

離するのは，比較的安定なアルコキシドイオンである．それに対して，アミド加水分解の脱離基（⁻NH−R）は，通常の条件では存在できないほどに不安定な化学種である．したがって，アミド結合を効率的に加水分解するためには，この不安定な脱離基を安定化するための一般酸触媒作用が必須である．

シクロデキストリンの第二級ヒドロキシ基は酸性が大きく（pK_a は約 12），相手にプロトンを与えやすい．必然的に一般酸触媒としての能力が大きい（6.5節）．そのために，シクロデキストリンは，アニリドの加水分解を効率的に触媒する．反応スキームは，図 13.4 に示すように，エステルの加水分解（図 13.1）と非常によく似ている．しかし，大きな違いは，中間体からアニリンが脱離する際に，シクロデキストリンの第二級ヒドロキシ基が一般酸触媒として働き，脱離基を安定化して反応の進行を促進していることである（図の上方，左から2番目）．この触媒作用は，ヒドロキシ基の高い酸性度のために水による酸触媒作用よりもずっと大きく，また分子内（複合体内）で働くのでいっそう有効なものとなる．

13.4 シクロデキストリンの化学修飾によるさらに優れた人工酵素の構築

上述のように，シクロデキストリンはそれ自体で一つの人工酵素としての機能を持つ*．しかし，触媒として活躍できる官能基はヒドロキシ基（あるいはそれに由来するアルコキシドイオン）のみであり，そのために，適用できる反応の種類には限りがある．また，シクロデキストリンのヒドロキシ基は，普通のヒドロキシ基よりはずっと解離しやすいものの，それでも中性溶液中では大半が非解離状態（−OH）で存在している．したがって，シクロデキストリンによる求核触媒反応をpH 7付近で行うと，アルコキシドイオンの量が少なく，それだけ触媒効率が悪い．そこで，シクロデキストリンを化学修飾して新たな触媒官能基を導入し，それにより触媒活性を高める試みが数多く行われている．こうして上記の欠点を克服し，人工酵素としての機能を飛躍的に向上させている．

13.4.1 セリンプロテアーゼのモデル

例えば，ヒドロキシ基との反応を利用して，シクロデキストリンにイミダゾールを共有結合する．イミダゾールはヒスチジンの側鎖官能基であり，セリンプロテアーゼの活性点において一般塩基触媒としてセリンのヒドロキシ基を活性化する塩基である（8.4節）．こうしてイミダゾールを結合したシクロデキストリンは，pH 7付近でも，酢酸のフェニルエステルを効率的に加水分解する．それは，イミダゾール（$pK_a = 7$）が反応条件で約半数が活性な状態（非プロトン化状態）で存在し，有効な求核触媒として機能するためである．反応は，もちろん，ミカエリス・メンテン式に従う．

さらに優れたセリンプロテアーゼ・モデルとして，イミダゾールとカルボキシラートの両者がシクロデキストリンに結合されている（図13.5）．もちろん，電荷伝達系を模倣して，酵素に匹敵する高活性を実現することを目指して

---

* シクロデキストリンは天然物であるので，"人工"という言葉にはやや問題もあろう．しかし，ペプチド構造を全く持たずに酵素と類似の機能を発現するという意味で，これも人工酵素に含めるのが一般的である．

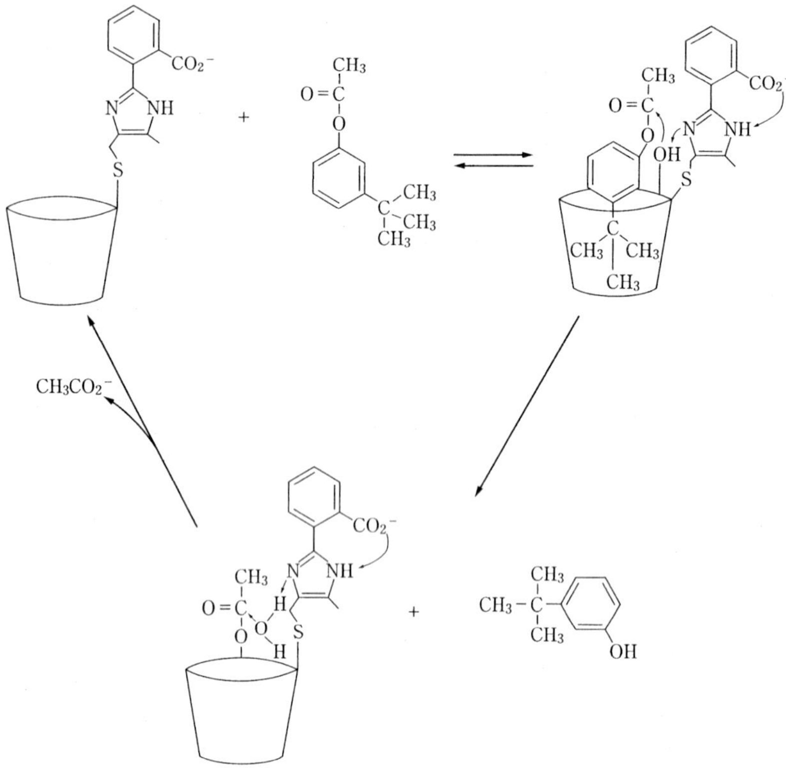

図13.5 シクロデキストリンの化学修飾による人工セリンプロテアーゼの構築

いる．実際に，この修飾シクロデキストリンは，酢酸のフェニルエステルを非常に速やかに加水分解する．詳細な反応機構はまだ定かではないものの，電荷伝達系（ヒドロキシ基→イミダゾール→カルボキシラート）を通じてプロトンが移動し，その結果として求核性が高められたヒドロキシ基が基質のカルボニル炭素を効率的に攻撃するものと思われる．

13.4.2 リボヌクレアーゼのモデル

11.2節で述べたとおり，酵素リボヌクレアーゼAがRNAを加水分解する際には，2つのイミダゾールが酸塩基協同触媒作用をする．そこで，シクロデキストリンの空洞の一方の端に2つのイミダゾールを導入すると，これら2個

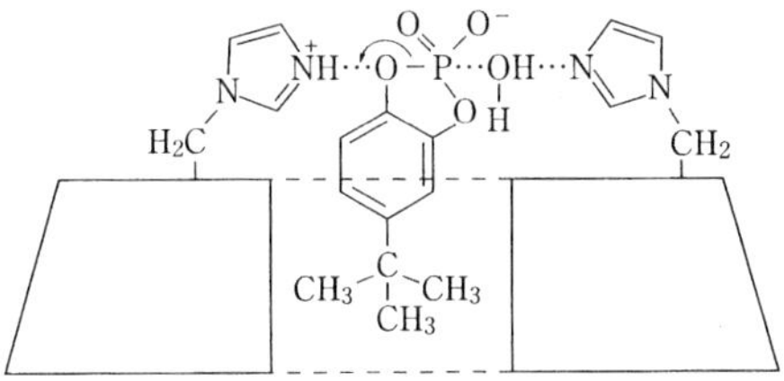

図 13.6 修飾シクロデキストリンを用いる人工リボヌクレアーゼ

が協同的に触媒作用し，リボヌクレアーゼ A の優れたモデルが得られる．図 13.6 では，基質は環状のリン酸ジエステルであり，これが加水分解される（RNA の加水分解でも，類似の環状リン酸が中間体として形成される：図 11.2 の右上の中間体）．シクロデキストリンに結合された 2 つのイミダゾールの一方（図の右側）が一般塩基触媒として働いて，水を活性化してリン原子への求核攻撃を促進する．また左側のイミダゾールが一般酸触媒として働き，リン原子の求電子性を高める．こうして，2 つのイミダゾールが一般塩基触媒ならびに一般酸触媒として協同的に機能して，安定なリン酸エステルを効率的に加水分解する．この機構は，天然のリボヌクレアーゼ A の作用機構と同一である．

このような複雑な協同触媒作用が有効に働くのは，2 つのイミダゾールがシクロデキストリンに結合され，互いに近距離に固定されているためである．しかも，基質とシクロデキストリンとが複合体を形成するので，2 つのイミダゾールと基質との相対位置もしっかりと規定されている．そのために，反応の遷移状態に移行する際に，触媒（2 個のイミダゾール）と基質を所定の位置に固定するためのエントロピー・ロスが最小限に抑えられ，協同触媒作用が円滑に機能する．

13.5 補酵素を人工ホストに結合する

補酵素は，単独でも触媒作用を示す．しかし，アポ酵素に結合してホロ酵素

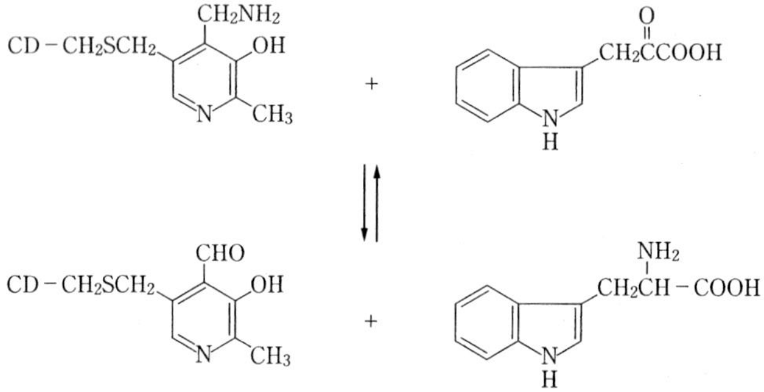

図 13.7 ピリドキサミンを結合したシクロデキストリン（CD）による
アミノ基転移反応

になると、アポ酵素の基質結合部位に結合した基質に対して分子内触媒として働くので、触媒活性が飛躍的に増す（9.1節）。そこで、アポ酵素の代わりに人工ホストを基質結合部位として用い、ここに補酵素を結合すれば、優れた人工ホロ酵素が構築できる。例えば、ピリドキサミンを結合した修飾シクロデキストリンは、アミノ基転移反応を効率的に触媒する（トランスアミナーゼという酵素のモデル）。すなわち、この人工酵素とインドールピルビン酸とを反応させると、ピリドキサミンがピリドキサルに変わるとともにトリプトファンが生成する（図13.7）。この反応は、ピリドキサルリン酸によるアミノ基転位反応の第2段階（図9.3の経路を下から上にたどったもの）に相当する。

反応では、まず、インドールピルビン酸のインドール部分がシクロデキストリンに結合して複合体を形成する。次いで、結合された基質に対してピリドキサミンが作用する（もちろん中間体として、シッフ塩基を経由する）。ここで、ピリドキサミンが分子内触媒として働くので、この人工酵素による反応は、対応する分子間反応（インドールピルビン酸とピリドキサミンとの反応）よりも200倍も速い。同様に、フェニルピルビン酸を反応基質とした場合には、対応するアミノ酸であるフェニルアラニンが得られる。シクロデキストリンは天然のグルコースからできており、その中に数多くの不斉炭素を持っている。したがって、この人工酵素を用いて得られたトリプトファンやフェニルアラニン

は，空洞が持つ不斉の環境を反映して L 体に富む．それぞれの鏡像体過剰率*は 67 %，12 % である．

これ以外にも，さまざまな補酵素が人工ホストに結合され，人工酵素が作られており，いずれも高い選択性と反応性が実現している．基本的に，どの補酵素でも，これをホスト分子に結合すれば人工酵素が構築される．しかし，そこで実現できる触媒効率は，補酵素と人工ホストとの相互配向（すなわち両者を結ぶリンカーの構造）に大きく依存する．

13.6 なぜ人工酵素が必要なのか？

天然には多種多彩な酵素が存在し，触媒活性と選択性はいずれも極めて高い．このように優れた天然物が身の回りにあるのに，なぜわざわざ人工酵素を作る必要があるのだろうか？ 最大の理由は，天然に存在する酵素の種類には限りがあり，私たちの要求を十分には満たしてくれないからである．例えば，私たちが特定の反応を効率的に行いたいとして，それに適した酵素を天然に求めたとしよう．この場合，目的とする酵素は見つからないのが普通である．それは，天然は自らが生きるために必要な機能だけを行うのであり，人類のために天然があるわけではないからである．したがって，私たちが必要とするものが天然に存在する方がむしろ不思議（あるいは僥倖）であり，見つからなくて当然なのだ．それに対して人工酵素は，私たち自身が目的を設定した上で設計合成するので，どのような機能のものでも必要に応じて自在に作れる．これは大きな長所である．その代表例の一つが，次節で紹介する人工制限酵素であり，天然酵素を超える特異性を発揮して新しいバイオテクノロジーへの道を切り拓くものと期待されている．

その他に，人工酵素には，

（1）骨格がポリペプチドである必要はないので，天然酵素が失活してしま

---

* 鏡像異性体の混合物の中で，一方の鏡像体がどれだけの割合で含まれているかを表す指標．$([R] - [S])/([R] + [S]) \times 100\ (\%)$ で定義される．

うような過酷な条件（高温，強酸性，強アルカリ性など）でも十分に機能できる．
（2）天然酵素は大量に入手するのが困難な場合も多いが，人工酵素は必要量を容易に合成することができる．

などの長所がある．

13.7 人工制限酵素
13.7.1 必要性

最近開発された人工酵素の中で，天然酵素をしのぐ機能を持つものの一つの例として人工制限酵素を紹介しよう．核酸は最も重要な生体高分子であり，これを操作する技術は，バイオテクノロジーの根幹である（第4章を参照のこと）．DNAを目的位置で選択的に切断するのに，現在は，各種の制限酵素が使用されている．大腸菌などの下等生物のDNAは小さく，私たちが遺伝子操作の対象とするプラスミドDNAはその中でも特に小さいので，これを特定の位置で選択的に切断するには天然の制限酵素で十分である．

しかし，近い将来に，高等生物のDNAが遺伝子操作の対象となることは確実であり，その際には，その巨大なDNAを位置選択的に切断するために，天然の制限酵素をしのぐ高い特異性を持つ人工材料（人工制限酵素）がどうしても必要となる．例えば，ヒトのDNA（約30億個の核酸塩基対で構成されている）の中の特定の場所を選択的に切断するには，少なくとも16個の核酸塩基の配列を認識しなければならない（4^{16} はほぼ40億であるので，確率的には，この特定の配列はヒトのDNAの中にも一度出現するかどうかである）[*]．天然の制限酵素の多くは4または6個の核酸塩基を認識するに過ぎず，もしこ

---

[*] DNAを構成する核酸塩基はA，G，C，Tの4種類であり，ここではこれらの4者がランダムに分布していると仮定して確率を計算している．6個の塩基の配列を識別する制限酵素の場合，切断箇所は 4^6（= 4096）個の塩基ごとに1回出現する．したがって，これでヒトのDNAを処理したら，切断箇所の数は100万以上にも及ぶ膨大なものになってしまう．

れを使って巨大DNAを切断したら，極めて多くの場所で切断が起こってしまい，遺伝子操作どころではない．

13.7.2 設計と構築

人工制限酵素を構築する際の最大の難関は，核酸が非常に安定なことである．例えば，DNAの中のリン酸ジエステル結合を酵素を用いずに加水分解するには，実に数億年以上もの歳月を要する．そのために，「天然酵素を用いずにDNAを加水分解することはできない」というのが常識であった．しかし，10年ほど前に，希土類イオンの一つであるCe(IV)イオンがDNAを効率的に加水分解することが発見された．

そこで，Ce(IV)イオンを錯体の形でDNAオリゴマー（基質の塩基配列を認識する部位）に結合することにより人工制限酵素が構築された．実際に，この人工制限酵素は，基質DNAを目的位置で選択的に切断する（図13.8）．ここで，塩基配列認識部位として使用したDNAオリゴマーは，DNA合成機で合成する．そのために，その長さと塩基配列には制限は全くなく，必要に応じて自由に選択できる．したがって，これらの人工制限酵素を使用することにより，たとえ高等生物の巨大なDNAであっても，望みの位置で，しかも望みの

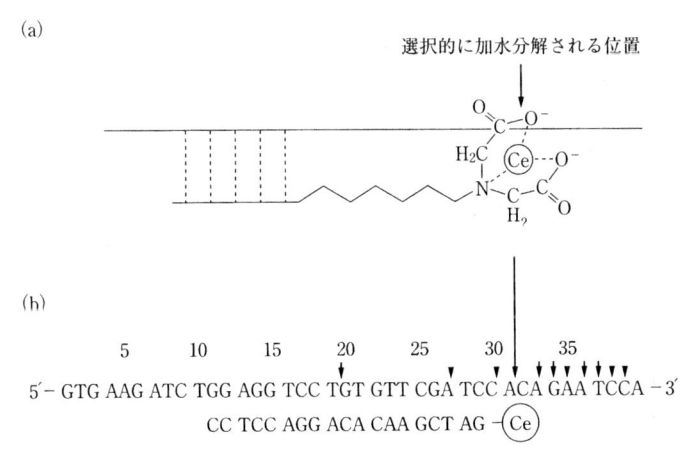

(a)

選択的に加水分解される位置

(b)

5′- GTG AAG ATC TGG AGG TCC TGT GTT CGA TCC ACA GAA TCCA -3′
　　CC TCC AGG ACA CAA GCT AG −(Ce)

図13.8　人工制限酵素（a）によるDNAの位置選択的切断（b）

位置特異性で切断することができる．この人工酵素は，特定位置の切断の選択性では，天然酵素には遠く及ばない．しかし，位置特異性の高さ（巨大なDNAの中から特定の場所を選ぶ特異性）という観点からは，天然物をはるかにしのぐ新たなツールである．

制限酵素は，細菌などの下等生物の自己防御手段である（4.2節）．つまり，外敵が侵入してきた際に最も効率的な防御手段は相手の心臓部であるDNAを破壊してしまうことであり，この役割をになうのが制限酵素である．これらの生物の世界では，4ないしは6個の核酸塩基の配列を読み取れれば，自己と敵とを見分けるのに十分なのだろう．つまり，私たちが必要とするような高度の位置特異性を持つ制限酵素は，下等生物には必要がなく，そのために天然には存在しないのだ．私たちが自ら人工制限酵素を作らねばならない所以である．

演 習 問 題

[1] 図13.6の人工リボヌクレアーゼによる環状リン酸の加水分解の反応速度をpHに対してプロットすると，どのような曲線が得られるか？

[2] 図13.7の人工酵素によるアミノ基転移反応の中間体（シッフ塩基）の構造を図示せよ．

[3] ベンズアルデヒドの還元を触媒するような人工酵素を設計せよ．

おわりに

　化学と生命科学はいずれも現代科学の強力な牽引車であり，両者の境界領域の重要性が急速に増している．本書で学んだ生物有機化学は，まさにこの境界領域に位置する学問である．当初は生物の一部の機能を真似ることからスタートしたが，その後まさに爆発的な発展を遂げ，研究対象も"生体反応の類似物"から"生体反応そのもの"へと移行してきている．例えば，タンパク質や核酸そのものが，天然酵素を用いずに化学的手法で切断できるようになった．また，巨大分子を選択的に結合するホスト分子も報告されている．さらには，酵素反応や生体分子の認識が行われる生体内の化学環境を，人工的に模倣することもできつつある．そのために，生物有機化学の成果が，単に生命現象の理解に役立つだけではなく，分子生物学やバイオテクノロジーのツールとしてそのまま使われる段階にまで達してきている．このように生物有機化学は，「生命に学ぶ化学」から「生命を超える化学」へと大きな質的変換を遂げつつある．

　実は，生物有機化学と生命科学との境界が，徐々に曖昧なものになってきている．その理由の一つは，バイオテクノロジーの汎用化により，化学者でも生体材料を容易に入手できるようになったことである．一方，結晶構造解析をはじめとする分析技術の革新と汎用化に伴い，数多くの生体分子の構造が詳細に解明され，生物の機能を分子レベルで議論することができるようになった．こうして，化学者と生命科学者とが，"生命"という複雑系を，"分子"という共通の言葉で語りまた議論ができる土壌ができあがった．非常にうれしいことであり，今後の発展がますます期待される．

　化学的手法でアプローチして新たな生命科学を生み出す，あるいは，生命科学の知識を活用して革新的な化学を生み出す，いずれも限りない発展の可能性

を秘めた魅力的なテーマである．さまざまな学問の中でも，目的とするツールを自在に作り出すことができるのは化学だけである．本書で学んだことを通じて読者の皆さんが"生物に関連した化学"の面白さを理解し，また同時に，化学的な手法を活用して新しい生命科学を作り出したいと考え，輝かしい未来に向けての一歩を踏み出してくれればと強く希望する次第である．

演習問題略解

第 2 章

[1] 略

[2] −1

[3] リシンの側鎖のアミノ基がプロトン化しており，これらが静電的に反発するため．

[4] 45 Å (30×5.4/3.6)

[5] 酸素分圧が増加するのに伴って，アロステリック効果が著しく大きくなり，酸素結合能も急激に増す．しかし，ある程度まで酸素分圧が大きくなれば，全てのヘムが酸素を結合してしまい飽和状態に達する．したがって，曲線はS字型になる．

第 3 章

[1] 256 通り ($= 4^4$)

[2] 16 ($= 4^2$) 種類のアミノ酸しかコードできないので，20 種類のアミノ酸全部をきちんと並べることができない．

第 4 章

[1] トマトが腐るのは，トマトの皮を分解する酵素ができるからである．そこで，この酵素の一次構造を記録している mRNA が，タンパク質合成の鋳型として働けない（翻訳段階がうまくいかない）ようにすればよい．実際には，この mRNA と相補的な RNA（次々とワトソン・クリック塩基対を形成する RNA）を同時に作らせて，この mRNA が翻訳されないようにしている．

[2] $1\,\mu\text{g} \times 2^{15} = 33\,\text{mg}$

第 5 章

[1] -3.0 (pH 4), -4.0 (pH 9)

[2] ΔG (= -7.3 kcal mol^{-1}) = $-RT \ln K$ より,$K = 2 \times 10^6$. したがって,ATP がほぼ 100 % 加水分解した状態が平衡状態であり,平衡は,実質的にほぼ完全に右に片寄る.

[3] (1) 前問と同様にして,$K = [B]/[A] = 2.3 \times 10^{-4}$. したがって,平衡状態では B は,0.02 % 程度しか存在しない.

(2) A + ATP + H$_2$O $\rightleftharpoons$ B + ADP + Pi の平衡定数を K' とすると,ATP の加水分解の ΔG が -7.3 kcal mol^{-1} であるから,

$$K' = \frac{[B][ADP][Pi]}{[A][ATP]} = 4.7 \times 10$$

これより

$$\frac{[B]}{[A]} = 4.7 \times 10^1 \times 500 = 2.3 \times 10^4$$

したがって,平衡状態では,A はほとんど完全に B に変化している.

第 6 章

[1] 約 11 kcal mol^{-1}(反応温度により若干異なる)

[2] $\exp\left(\dfrac{19000-12000}{2 \times 298}\right)$ = 約 130000 倍

[3] pH 7 ではイミダゾールの方が触媒効率が高い($1 \times 0.5 > 10 \times 0.01$). そして pH 9 ではアンモニアの方が効率が高い($10 \times 0.5 > 1 \times 1.0$).

第 7 章

[1] 1/3 および 2/3 倍

[2] 第 13 章に記載のとおりである.

第 8 章

[1] pH<7 では傾き 1 の直線,pH>7 では傾き 0 の直線.両者の交点の pH がち

ょうどイミダゾールの $pK_a(7)$ となる（実際にそのようなグラフが実験的に得られている）．

[2] テキストを参照せよ．

[3] α-キモトリプシンの Ser 195 がリン酸エステルになって酵素活性を失う．

第 9 章

[1] α 炭素から十分に電子を吸引するには，金属イオンのルイス酸性の協力が必要なためと思われる．

[2] 図 9.3 を参照のこと．

第 10 章

[1] 分子間触媒作用の二次触媒定数 $= 0.693/10 \times 60 = 1.2 \times 10^{-3}$ min^{-1} mol^{-1} L．分子内触媒の一次触媒定数 $= 0.693/5 = 0.14$ min^{-1}．$1.2 \times 10^{-3}/0.14 = 120$ mol L^{-1}．

[2] $\exp\left(\dfrac{5000}{2 \times 298}\right) = 4400$

[3] 6.5 kcal mol^{-1}

第 11 章

[1] pH 7 で極大をとるベル型となる．

[2] この場合も，pH 7 で極大をとるベル型となる．ただし，極大点付近での触媒活性種の量が少ないために，触媒効率は，[1] の場合よりもずっと小さくなる．

第 12 章

[1] アダマンタン部分とシクロデキストリンとの相互作用の自由エネルギー（-4.0 kcal mol^{-1}）より，未修飾のシクロデキストリンの 298 ℃ における結合定数は 1.2×10^{-3} L mol^{-1}（$-\varDelta G = RT \ln K$）．一方，この修飾シクロデキストリンの結合定数は，総計の自由エネルギー（-7.4 kcal mol^{-1}）より 4.1×10^{-3} L mol^{-1} である．

［2］その他の分子間相互作用（例えばクーロン力）に比べて水素結合は，距離，方向に極めて敏感であるため．

第 13 章

［1］pH 7 で極大となるベル型の曲線となる（2つのイミダゾールの pK_a は，いずれも 7 である）．

［2］図 9.2 および図 9.3 を参照せよ．

［3］例えば，基質結合部位としてシクロデキストリンを使い，これに NADH を結合する．

索引

ア

アシル化(過程) 78,125
アシル化酵素 78,102
アシル化シクロデキストリン 125
アセチルコリン 81
アセチルコリンエステラーゼ 81
アデニン(A) 19,20
アデノシン三リン酸 40
アニリドの加水分解 127
アポ酵素 84,131
アミド加水分解 77
アミノアシルtRNA合成酵素 23
アミノ基転移反応 85,86,132
アミノ酸 6,7
　――の脱炭酸 85,86,89
　――のラセミ化 85,86,88
アミノ酸側鎖のイオン化状態のpH依存性 15
アミノ酸代謝 86
アミン触媒によるエステル加水分解 94
アルコールの酸化 89
アルコール発酵 90
アロステリック効果 12

イ

一般塩基触媒(作用) 55,76,102,129,131
一般酸触媒(作用) 55,106,128,131
遺伝子RNA 36
遺伝子操作(遺伝子組換え) 31,33,34,36
遺伝子治療 36
遺伝子導入用試薬 35

ウ

埋もれたカルボキシラート 78,103
ウラシル(U) 19,20

エ

エステル加水分解 53,94,96,102,124
エラスターゼ 79
塩基対形成 44

カ

解離性アミノ酸 6
核酸 18
　――の化学合成(核酸合成機) 25
　――の合成アナログ 27
　――の構造 19
核酸塩基 19
活性化エネルギー 53
活性化エンタルピー (ΔH^*) 52,95
活性化エントロピー (ΔS^*) 52,95
活性化自由エネルギー (ΔG^*) 52
カリックスアレン 112,115,123
環状ホスト 112
環状リン酸 104,131

キ

基質結合部位(基質結合ポケット) 68,72,74,80,111,112
基質・酵素複合体 (ES複合体) 63,93,97,101
基質選択性 66
基質特異性 62,72,79,111,126
協同触媒効果 108
協同触媒作用 (酸塩基――) 67,69,93,101,106,108,123,130
金属イオン 83

ク

グアニン(G) 19,20
クエン酸サイクル 48
組換えDNA 32
　――の細胞導入 34
クラウンエーテル 112,113,123

修飾—— 117
グルタチオン 16
グルタチオンペルオキシ
　　ダーゼ 16

ケ

形質転換 32
ゲル電気泳動 28

コ

酵素前駆体 71
酵素の構造と機能 61
酵素の種類 61
酵素の特異性 62
酵素のモデル 113
酵素パラメーター 73
　——の決定法 65
酵素反応の至適pH
　109
コンピテント細胞 34

サ

酢酸フェニルの加水分解
　124
サブユニット(の協同作
　用) 12
サリン 81
酸化的リン酸化 48

シ

シクロデキストリン
　112,122,123,127,128
　——によるエステル加
　　水分解 124
　修飾—— 116,129
ジスルフィド結合 11,
　14
シッフ塩基 85

シトシン(C) 19,20
自由エネルギー変化 50
触媒活性部位 69
触媒官能基(群) 69,72,
　74
人工酵素 123,127,129,
　133
人工制限酵素 134
人工ホスト(化合物)
　110,111
親水性アミノ酸 6
親水性アミノ酸側鎖 10

ス

水素結合 69,74,115
スタッキング 21

セ

制限酵素 32,33,134
生成物特異性 62,68
セリンプロテアーゼ
　77,79,124
　——のモデル 129
セレノシステイン 16
前駆体ポリペプチド 62
セントラル・ドグマ
　18,24,31

ソ

相補的DNA 22
疎水性アミノ酸 6
疎水性(アミノ酸)側鎖
　11
疎水性相互作用 8,68,
　74,113

タ

脱アシル化(過程) 78,
　125
脱炭酸 85,86,89
多点分子認識 69,117
タンパク質
　——の一次構造 19,
　　31,93
　——の階層構造 8
　——の高次構造 37
　——の構造と機能 5
　——の再生 37
　——の生産 36
　——の変性と再生 14

チ

チミン(T) 19,20
チモーゲン 71

テ

電荷伝達系 74,77,101,
　129
転写(過程) 19,23,44
転写RNA 23
伝令RNA 19

ト

特異的基質 62,93,111,
　123
トリプシン 71
トリプレット・コドン
　22

ニ

ニコチンアミドアデニン
　ジヌクレオチド
　(NADH) 89
　——のモデル反応
　　91
二重らせん 21,22

ヌ

ヌクレオシド　19

ハ

パーティクル・ガン　35
バイオ作物　33
バイオテクノロジー　31
配向制御　99
反応活性化パラメーター　95
反応基質の半減期　94, 99
反応速度　50
　——のpH依存性　108, 109
反応場制御　69, 93

ヒ

ヒストン　22
ビタミン　83, 84
　——の構造　83, 84
ビタミンB_1　84
ビタミンB_2　84
ビタミンB_6　85
ピリドキサミン　132
ピリドキサミンリン酸　88
ピリドキサルリン酸　85
　——のモデル反応　91
ピリミジン　19, 20
ピルビン酸　48, 90

フ

封入体　36
フェニルエステルの加水分解　96
プライマー　38

プラスミドDNA　32, 134
プリン　19, 20
ブレンステッド塩基　55
ブレンステッド酸　57
ブレンステッド・プロット　58
分子インプリント法　118
分子間協同作用　106
分子間触媒作用　94
分子間反応　98, 105
分子溝ホスト　117, 123
分子内一般塩基触媒作用　102
分子内エステル(ラクトン)の形成　99
分子内求核攻撃　104
分子内協同作用　106
分子内酸無水物の形成　98
分子内触媒　123, 132
分子内触媒作用　67, 93
分子内反応　93, 105
分子配向　97
分子配向制御　69, 93, 101, 123

ヘ

ペプチド核酸　27
ペプチドの生合成　42
ヘモグロビン　12
ベル型曲線　109

ホ

補因子　62, 83
包接化合物(形成)　113, 122

補酵素　83, 84, 89
　——のモデル反応　91
ホスト化合物　117
ホスト・ゲスト化学　114
ホスト・ゲスト複合体　113
ホスト分子の規則的会合体　120
ポリペプチド
　——の一次構造　9, 10, 18, 22, 43
　——の分析法　12
　——の高次構造　110
　——の構造　8
　——の三次構造　9, 10
　——の二次構造　9, 10
　——の四次構造　9, 12
ポリペプチド鎖のジスルフィド結合　11
ボルツマン分布　52
ホロ酵素　84, 131
翻訳(過程)　19, 23

ミ

ミカエリス・メンテン型反応　62, 66, 85
ミカエリス・メンテン式　125, 129
ミカエリス・メンテン定数(K_m)　64, 73

ユ

有効触媒濃度　95
誘導合致　69

ラ

ラセミ化　85, 86, 88

リ

リガーゼ 32
リフォールディング 37
リプレッサータンパク質 25
リボース 19
リボソーム 23
リポソーム 35
リボヌクレアーゼA 14, 104, 105, 130
リボヌクレアーゼのモデル 130
リボヌクレオシド三リン酸 44
リン酸エステル結合 19, 104, 105
——の加水分解 131, 135
リン酸カルシウム法 34

レ

レトロウイルスの利用 36

ワ

ワトソン・クリック型塩基対 20, 21, 44

欧文

α-アミノ酸 6
α-キモトリプシン 71, 101
——によるペプチド加水分解 125
——の全体構造 72
α-ケト酸 86
α-ヘリックス 9, 10, 25, 62
β-シート 9, 10, 62
$\Delta G^{\ddagger}$ 52
$\Delta H^{\ddagger}$ 52, 95
$\Delta S^{\ddagger}$ 52, 95
Arrheniusの式 53
ATP 40
——の加水分解 41
——の生合成 47
AT塩基対 21
buried carboxylate 78
chaege-relay system 74
DNA 21
——の主溝(major groove) 24
——の生合成 44
——の二重らせん構造 21
——の副溝(minor groove) 24
——の溝へのタンパク質の結合 25
DNAポリメラーゼ 38
Edman分解 12
——を用いるペプチドの一次配列の決定 13
GABA(γ-amino butyric acid)の生合成 89
GC塩基対 21
inclusion body 36
induced fit 69
Lineweaver-Burkプロット 66, 73
mRNA(messenger RNA) 19, 23
——の生合成 44
NADH 16, 48, 89
NTP 44
N-アセチルアミノ酸エステル 72
PCR(Polymerase Chain Reaction)法 38
PNA(Peptide Nucleic Acid) 27
RNA 22
——の加水分解 103, 130
——の生合成 44, 57
tRNA(transfer RNA) 23

著者略歴

小宮山　真(こみやま まこと)

1947 年　宇都宮市に生まれる
1970 年　東京大学工学部工業化学科卒業
1975 年　同博士課程修了
1975-1979 年　米国ノースウエスタン大学博士研究員
1979 年　東京大学工学部助手
1987 年　筑波大学物質工学系助教授
1991 年　東京大学工学部教授
2000 年　東京大学先端科学技術研究センター教授
2012 年 3 月　東京大学を退職(名誉教授)
　　　　4 月　筑波大学生命領域学際研究センター(TARA)教授
　　　　　　　現在に至る

著　書　「Cyclodextrin Chemistry」(Springer-Verlag, 共著), 「The Bioorganic Chemistry of Enzymatic Catalysis」(John-Wiley & Sons, 共著), 「生物有機化学」(昭晃堂, 共著), 「生命体に学ぶ材料工学」(東京大学出版会, 共著), 「分子認識と生体機能」(朝倉書店, 共著), 「LB 膜」(冬樹社), 「生命化学 I ―天然酵素と人工酵素―」(丸善, 共著), 「生命化学概論」(丸善, 共著), 「Molecular Imprinting―From Fundamentals to Applications―」(Wiley-VCH, 共著)

化学新シリーズ
生物有機化学 ―新たなバイオを切り拓く―

2004 年 2 月 25 日　第 1 版発行
2020 年 9 月 30 日　第 1 版 6 刷発行

検印省略

定価はカバーに表示してあります.

著作者　　小　宮　山　　真
発行者　　吉　野　和　浩
発行所　　東京都千代田区四番町 8-1
　　　　　電　話　東　京　3262-9166(代)
　　　　　郵便番号　102-0081
　　　　　株式会社　裳　華　房
印刷所　　株式会社デジタルパブリッシングサービス
製本所

一般社団法人
自然科学書協会会員

JCOPY 〈出版者著作権管理機構 委託出版物〉
本書の無断複製は著作権法上での例外を除き禁じられています. 複製される場合は, そのつど事前に, 出版者著作権管理機構(電話03-5244-5088, FAX03-5244-5089, e-mail:info@jcopy.or.jp)の許諾を得てください.

ISBN 978-4-7853-3212-9

Ⓒ 小宮山　真, 2004　　Printed in Japan

化学の指針シリーズ
生物有機化学 －ケミカルバイオロジーへの展開－

宍戸昌彦・大槻高史 共著　Ａ５判／204頁／定価（本体2300円＋税）

　疾病の原因が分子レベルで解明されるようになり，生体内で機能する人工分子を創出する生物有機化学の分野が注目されている．本書は，化学の知識に基づいて分子レベルで生命機能を理解し，人工分子の有機化学について学ぶことを目標とする．細胞中における人工分子の化学反応や相互作用を解説し，診断，治療，創薬への応用を提案する．

【主要目次】
1. アミノ酸から蛋白質，遺伝子から蛋白質　2. 分子生物学で用いる基本技術　3. 細胞内で機能する人工分子　4. 人工生体分子から機能生命体へ　5. 遺伝子発現の制御　6. 進化分子工学　7. 人工生体分子の医療応用

ゲノム創薬科学

田沼靖一 編　Ａ５判／322頁／定価（本体4400円＋税）

　ヒトゲノム情報を基にした理論的創薬である「ゲノム創薬」が，さまざまな分野と連携しながら急速に進展している．本書は，「個別化医療」から，さらには「精密医療」を見すえた「ゲノム創薬科学」の現状と展望を，各分野の専門家が分かりやすく解説した実践的教科書・参考書である．

【主要目次】
1. 創薬科学の新潮流　2. 創薬標的分子の探索　3. 薬物－標的分子の相互作用　4. 理論的ゲノム創薬手法　5. 低分子医薬品の創製　6. バイオ医薬品の創製　7. ファーマコインフォマティクス　8. 創薬とシステム生物学　9. 薬物の体内動態　10. 薬物の送達システム　11. 遺伝子診断と個別化医療

新バイオの扉 －未来を拓く生物工学の世界－

高木正道 監修／池田友久 編集代表　Ａ５判／272頁／定価（本体2600円＋税）

　本書では，バイオテクノロジーをレッドバイオ（医療・健康のためのバイオ），グリーンバイオ（植物・食糧生産のためのバイオ），ホワイトバイオ（バイオ製品の工業生産）などに分け，私たちの暮らしに役立っているバイオ技術の現状を，第一線の現場で活躍する日本技術士会生物工学部会の会員がわかりやすく解説する．

【主要目次】
第Ⅰ編 レッドバイオ（からだを守る生体防御のしくみ／クスリとバイオ／プロバイオティクス／バイオ医薬品／診断薬／化粧品の安全性／再生医療）　第Ⅱ編 グリーンバイオ（遺伝子組換え作物／植物のゲノム育種／野菜の育種／家畜の育種／生物農薬／機能性食品／機能性糖質）　第Ⅲ編 ホワイトバイオ（バイオマス利用／バイオリファイナリー／バイオ燃料／バイオプラスチック／バイオリアクター／酵素プロセス／バイオ医薬品の生産）　第Ⅳ編 バイオ・ア・ラ・カルト（オミックス解析／次世代シーケンサー／バイオインフォマティクス／ナノバイオテクノロジー／ATP，生命のエネルギー通貨／進化分子工学／環境浄化技術／地殻微生物の世界／バイオをめぐる知財

裳華房ホームページ　https://www.shokabo.co.jp/